Betriebsfestigkeitsanalyse elektrifizierter Fahrzeuge

Andreas Dörnhöfer

Betriebsfestigkeits- analyse elektrifizierter Fahrzeuge

Multilevel-Ansätze zur Absicherung von HV-Batterien und elektrischen Steckkontakten

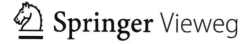 Springer Vieweg

Dr.-Ing. habil. Andreas Dörnhöfer
Rohrbach, Deutschland

Als Habilitation genehmigt von der Doktorschule für interdisziplinäre Ingenieurwissenschaften der Széchenyi István Universität Győr

Tag der Einreichung:	4. September 2017
Tag der Prüfung:	5. März 2018
Tag der öffentlichen Lehrprobe:	5. März 2018
Vorsitzender der Kommission:	Prof. Dr. Miklós Kuczmann, D.Sc.
Gutachter:	Prof. Dr. habil. Barna Hanula
	Prof. Dr.-Ing. habil. Martin Schuster
Mitglieder der Kommission:	Prof. Dr.-Ing. Werner Huber
	Prof. Dr. habil. József Tar, D.Sc.
	Prof. Dr. habil. Ibolya Zsoldos, D.Sc.
Titel der öffentlichen Lehrprobe:	Structural Durability Analysis of Vehicle Components

ISBN 978-3-662-58876-5   ISBN 978-3-662-58877-2   (eBook)
https://doi.org/10.1007/978-3-662-58877-2

Die Deutsche Nationalbibliothek verzeichnet diese Publikation in der Deutschen Nationalbibliografie; detaillierte bibliografische Daten sind im Internet über http://dnb.d-nb.de abrufbar.

Springer Vieweg

Verantwortlich im Verlag: Markus Braun

Springer Vieweg ist ein Imprint der eingetragenen Gesellschaft Springer-Verlag GmbH, DE und ist ein Teil von Springer Nature
Die Anschrift der Gesellschaft ist: Heidelberger Platz 3, 14197 Berlin, Germany

Man muss nur wollen und daran
glauben, dann wird es gelingen.
(Ferdinand Graf von Zeppelin
1838–1917)

Vorwort

Die vorliegende Habilitationsschrift entstand während meiner Zeit als Gesamtfahrzeugentwickler bei der AUDI HUNGARIA Zrt., Győr (Ungarn) und der AUDI AG, Ingolstadt sowie im Rahmen meiner Lehrtätigkeit an der Széchenyi István Universität, Győr.

Mein persönlicher Dank gilt Dr. Jakubik Tamás und Prof. Dr. Feszty Dániel vom Lehrstuhl für Gesamtfahrzeugentwicklung sowie Prof. Dr. Hanula Barna, dem Dekan der Audi Hungaria Fakultät für Fahrzeugtechnik der Széchenyi István Universität Győr. Ohne Eure Unterstützung und Hilfe wären weder die Lehre der vergangenen Jahre noch diese Arbeit möglich geworden. Danke nicht zuletzt auch für Eure stete Hilfe bei meinen Mühen mit der ungarischen Sprache.

Dr. Bódai Gábor, Dr. Wolfgang Weikl, Dr. Andre Kopp und Dr. Knáb Erzsébet von der AUDI HUNGARIA Zrt., Prof. Dr. Földesi Péter, dem Rektor der Széchenyi István Universität, sowie allen Mitarbeitern des Lehrstuhls für Gesamtfahrzeugentwicklung möchte ich für die engagierte Unterstützung bei der Umsetzung meiner Lehrideen danken.

Vielen Dank auch an die Formula Student-Teams der Universität Győr, Arrabona Racing Team und SZEngine. Auf dass Eure Fahrzeuge immer ausreichend betriebsfest sein mögen!

Ein ganz großer Dank gilt meinen Kollegen Matthias Bathe, Nicolai Bauer, Harald Kutka, Dr. Paul Heuler und Dr. Markus Kraus bei der AUDI AG für die langjährige gute Zusammenarbeit in den Forschungsthemen und die Mithilfe bei mehreren Veröffentlichungen im Rahmen dieser Arbeit. Den beiden letztgenannten Kollegen danke ich auch insbesondere für die sehr wertvollen Korrekturen und die zahlreichen Diskussionen und Anregungen zu dieser Arbeit. Eure Korrekturgeschwindigkeit war atemberaubend!

Meinen besten Dank auch an Matthias Decker, Marion Eiber, Dr. Anton Grillenbeck und Simon Kinscherf von der IABG Industrieanlagen-Betriebsgesellschaft mbH, die mich im Rahmen gemeinsamer Forschungsprojekte und Veröffentlichungen immer unterstützt haben. Danke ebenso an Franka-Maria Volk für die gewinnbringenden Diskussionen und viele freundschaftliche Gespräche.

Dafür, dass sie mir die Möglichkeit zur Erstellung dieser Arbeit gegeben haben, möchte ich mich bei meinen Vorgesetzten bei der AUDI AG, Dr. Ralf Kunkel und Petra Kim, herzlich bedanken. Ein ganz besonderer Dank gilt Prof. Dr. Martin Schuster, der mich überhaupt erst zu der Lehre an der Széchenyi István Universität Győr gebracht hat und mit dem ich mehrere Jahre lang Seite an Seite gekämpft habe.

Bedanken möchte ich mich bei Prof. Dr. Frank Rieg vom Lehrstuhl für Konstruktionslehre und CAD der Universität Bayreuth, der als mein Doktorvater erst meine Begeisterung für universitäre Lehre weckte und der mir immer wieder die Möglichkeit für Vorlesungen und Vorträge an der Universität Bayreuth einräumt. Danke auch an den ehemaligen Bayreuther Kollegen Dr. Michael Frisch für die wissenschaftlichen Diskussionen und gemeinsamen Veröffentlichungen im Themengebiet Topologieoptimierung.

Besonderer Dank gebührt schließlich meinen Eltern Ingrid und Manfred Dörnhöfer sowie meinen Schwiegereltern Ursula und Reinhard Chwalka, die mir stets großen Rückhalt bieten. Auf Euch kann ich mich immer verlassen!

Zuletzt möchte ich mich aber bei meiner lieben Ehefrau, Dr. Bettina Chwalka, bedanken. Du stehst mir immer zur Seite und baust mich auch in schwierigen Zeiten wieder auf. Du erträgst meine Launen und bringst mir viel Verständnis entgegen. Ohne Dich wäre die Anfertigung dieser Arbeit niemals möglich gewesen!

Produkte verbessern, technische Zusammenhänge herausfinden, neue Technologien entwickeln und diese Erkenntnisse dann anschaulich an die nächste Ingenieursgeneration weitergeben – dies ist es, was mich antreibt. Da das Thema Elektrifizierung sehr umfangreich und vielfältig ist, kann die vorliegende Schrift sicher nur einige Ausschnitte beleuchten und erhebt keinen Anspruch auf Vollständigkeit. Auch können abweichende technische Konstruktionen andere Anforderungen und Vorgehensweisen bedingen. Nichtsdestotrotz hoffe ich hiermit dem interessierten Leser neue Impulse zu geben.

Andreas Dörnhöfer

Inhaltsverzeichnis

Einleitung

Um die Klimaschutzziele zu erfüllen und die globale Temperaturerhöhung auf maximal 2 °C zu begrenzen, hat sich die Europäische Union verpflichtet, die Treibhausgasemissionen drastisch zu verringern [KOM07]. Eine daraus abgeleitete Maßnahme ist die Reduzierung des CO_2-Ausstoßes der Neuwagenflotte von Personenkraftwagen bis 2020 auf 95 g CO_2/km [AEU09]. Berechnungen des deutschen Bundesumweltministeriums sehen sogar eine weitere Reduzierung auf 43 g CO_2/km im Jahr 2050 für notwendig an [BMU13]. Derart niedrige Emissionsgrenzwerte sind ausschließlich durch konventionelle Antriebe mit Verbrennungsmotoren nur sehr schwer erreichbar. Eine mögliche Lösung zur Emissions- und Effizienzverbesserung verspricht die Elektrifizierung des Antriebs, d. h. die Ausrüstung eines Fahrzeugs mit mindestens einem Traktionselektromotor. Zu diesen elektrifizierten Fahrzeugen zählen dann Hybridfahrzeuge mit sowohl Verbrennungsmotor als auch Elektromaschine sowie reine Batterieelektro- und Brennstoffzellenfahrzeuge.

Weltweit haben es sich außerdem Länder, wie z. B. Norwegen ab 2025 oder Frankreich und Großbritannien ab 2040, zum Ziel gesetzt, Neuzulassungen von Fahrzeugen mit Verbrennungsmotoren zu verbieten, um besonders in Städten zumindest lokal emissionsfreie Mobilität zu gewährleisten [MAN17]. In China gilt bereits ab 2018 eine Quote für elektrifizierte Fahrzeuge bei der Zulassung von Neufahrzeugen [HAN17].

Die Automobilhersteller reagieren aktuell auf den Trend zu elektrifizierten Fahrzeugen mit einer Entwicklungsoffensive. So formuliert z. B. Audi als ein Ziel seiner Strategie 2025 den Ausbau elektrischer Antriebstechnologien. 2025 sollen demnach ein Drittel der von Audi produzierten Fahrzeuge Elektroautos sein [AUD17].

In ihrem Aufbau unterscheiden sich elektrifizierte Fahrzeuge von solchen mit konventionellem Antriebsstrang u. a. durch die zusätzliche Traktionselektromaschine

© Springer-Verlag GmbH Deutschland, ein Teil von Springer Nature 2019
A. Dörnhöfer, *Betriebsfestigkeitsanalyse elektrifizierter Fahrzeuge*,
https://doi.org/10.1007/978-3-662-58877-2_1

und den elektrischen Energiespeicher. Je nach Grad der Elektrifizierung kann der Hochvoltspeicher, der in einer hierarchischen Weise aus einer Vielzahl an elektrischen Zellen und daraus zusammengefassten Modulen aufgebaut ist, eine Masse von über 700 kg aufweisen und sich über die halbe Fahrzeuglänge erstrecken. Damit stellt er die größte Einzelkomponente im Gesamtfahrzeug dar. Im Betrieb ist der Hochvoltspeicher verschiedenen Belastungen ausgesetzt. So muss er trotz Straßenvibrationsanregung und Sonderereignissen, wechselnden Temperaturen und Umweltbedingungen sowie häufigen Lade- und Entladezyklen hohe Anforderungen an Funktion und Gebrauchssicherheit erfüllen.

Moderne Automobile verfügen über eine Vielzahl an Steuergeräten, Sensoren, Aktuatoren und Leitungsverbindungen. Um alle Komponenten elektrisch sicher aber zugleich trennbar miteinander zu verbinden, werden verschiedenartige Steckverbindungen im Nieder- und Hochvoltbereich verwendet. Hybridfahrzeuge weisen auch bei elektrifiziertem Antriebsstrang einen Verbrennungsmotor auf (Abb. 1.1). Gerade in dessen Umfeld sind Steckverbindungen hohen Anforderungen aufgrund Vibrations- und Umweltbelastungen ausgesetzt. In den filigranen Innenaufbau

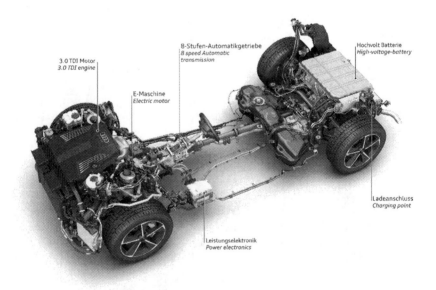

Abb. 1.1 Elektrifizierter Antriebsstrang mit Verbrennungsmotor, Elektromaschine und Hochvoltspeicher am Beispiel des Audi Q7 e-tron. (Aus [AUD17a]; mit freundlicher Genehmigung von © AUDI AG 2017. All Rights Reserved)

des elektrischen Steckkontakts eingeleitete Schwingungen können dort zu mikro-
skopischem Kontaktverschleiß, elektrischer Widerstandserhöhung und damit zum
Ausfall der Steckverbindung führen.

Aus Gründen der Gewährleistung und der Produkthaftung sind Fahrzeughersteller dazu verpflichtet, ihre Produkte für eine bestimmungsgemäße und vor-
hersehbare Verwendung beim Kunden ausreichend abzusichern (siehe auch § 3
Abs. 2 ProdSG). Eine wichtige Aufgabe kommt dabei der Betriebsfestigkeitsanalyse zu. Darunter lässt sich die mechanische Auslegung des Fahrzeugs gegenüber den Belastungen bzw. Beanspruchungen im Betrieb verstehen, wobei die
geforderte Lebensdauer bei Funktionstüchtigkeit der Bauteile oder Systeme und
eine entsprechende Sicherheit gegenüber Ausfall erreicht werden sollen [SON08].
Die Betriebsfestigkeitsanalyse kann im Fahrzeugbau über verschiedene mess-
technische und simulative Methoden zur Belastungs- und Beanspruchungsanalyse
sowie über fahrzeugnahe oder -ferne Beanspruchbarkeitsanalysen erfolgen.

Soll die Betriebsfestigkeit von elektrifizierten Fahrzeugen abgesichert werden,
so sind geeignete Verfahren und Prozesse auszuwählen oder zu entwickeln und
schließlich zu bewerten. Dabei ist besonderes Augenmerk auf neuartige Komponenten wie z. B. Hochvoltspeicher und ihre Wechselwirkung mit dem Gesamtfahrzeug zu legen. Auch eine Berücksichtigung hierarchischer bzw. modularer
Strukturen im Aufbau der Komponenten, die Identifizierung möglicher Einflussparameter, der Aufbau von grundlegendem Systemverständnis sowie die Einbindung in den Produktentwicklungsprozess des Fahrzeugs spielen eine Rolle.

Diese Arbeit beschäftigt sich mit der Entwicklung von Multilevel-Ansätzen
zur Analyse der Betriebsfestigkeit von Komponenten elektrifizierter Fahrzeuge
unter Vibrationsbelastung aufgrund Motor- bzw. Straßenanregung. Als Komponenten werden exemplarisch Hochvoltspeicher und elektrische Steckkontakte
ausgewählt.

Zielsetzung der Arbeit 2

Zielsetzung dieser Arbeit ist die Entwicklung von Multilevel-Ansätzen zur Betriebsfestigkeitsanalyse von Bauteilen an elektrifizierten Fahrzeugen. Anhand der konkreten Beispiele Hochvoltspeicher und elektrische Steckkontakte sollen grundlegende Prinzipien und Prozesse für deren Betriebsfestigkeitsabsicherung entwickelt, Zusammenhänge und Wirkprinzipien erläutert sowie konkrete Handlungsempfehlungen gegeben werden.

Die beiden ausgewählten Komponenten verfügen trotz differierender Größenskalen über einen komplexen, modularen Aufbau und sind Betriebsbelastungen durch Vibrationen sowie starken Wechselwirkungen mit angrenzenden Bauteilen unterworfen. Eine Analyse darf daher nicht nur auf Komponentenebene isoliert erfolgen, sondern muss verschiedene Ebenen vom Detailaufbau im Inneren bis zur Integration ins Gesamtfahrzeug einbeziehen.

Aus der Materialentwicklung und der Simulation von Fahrzeugkarosserien bekannte Multilevel-Prinzipien sollen weiterentwickelt, fachübergreifend auf die Betriebsfestigkeitsanalyse von Hochvoltspeichern und Steckkontakten übertragen werden und sich dabei an mehrskaligem Aufbau der Bauteile sowie den jeweils vorliegenden Beanspruchungssituationen und Schädigungsmechanismen orientieren.

Verschiedene Simulationen ergänzen die experimentellen Belastungs- und Beanspruchungsanalysen sowie fahrzeugnahe und -ferne Versuche zur Ermittlung der Beanspruchbarkeit und tragen zu einem besseren Systemverständnis bei. Ausgehend vom Stand der Technik sind die Entwicklung bzw. Anwendung neuer Methoden am Beispiel der gewählten Komponenten und deren sinnvolle Verknüpfung auf mehreren Ebenen des Multilevel-Ansatzes ebenso Teile dieser Arbeit.

© Springer-Verlag GmbH Deutschland, ein Teil von Springer Nature 2019
A. Dörnhöfer, *Betriebsfestigkeitsanalyse elektrifizierter Fahrzeuge*,
https://doi.org/10.1007/978-3-662-58877-2_2

Grundlagen

3

Den Kern dieser Arbeit stellt die Entwicklung von Multilevel-Ansätzen in der Betriebsfestigkeitsabsicherung bei elektrifizierten Fahrzeugen dar. Diese übergreifende Thematik wird anhand von zwei konkreten Praxisbeispielen, die auf mehrjährige eigene Untersuchungen zurückgehen, näher beleuchtet (Kap. 4 und 5). Zum besseren Verständnis finden sich nachfolgend die notwendigen Grundlagen. In Abschn. 3.1 wird dabei auf die Betriebsfestigkeitsanalyse, Beanspruchungen u. a. durch Vibrationsanregung sowie allgemein die Festigkeitsabsicherung im Fahrzeugbau eingegangen. Einen kurzen Überblick über die Elektrifizierung von Fahrzeugen, die dafür verwendeten Komponenten sowie einen Ausblick auf die zukünftige Bedeutung gibt Abschn. 3.2. In Abschn. 3.3 findet sich dann eine kurze Einführung in die Verwendung von Multilevel-Ansätzen im Bereich der Materialwissenschaft und die Übertragung und Weiterentwicklung des übergreifenden Konzepts auf die Betriebsfestigkeitsanalyse komplexer Strukturen im Fahrzeugbau.

3.1 Betriebsfestigkeitsanalyse

Die Betriebsfestigkeit befasst sich im klassischen Sinn mit dem Festigkeitsverhalten von Bauteilen unter zeitlich konstanten oder veränderlichen (variablen) äußeren Belastungs- bzw. inneren Beanspruchungsamplituden. Sie geht als wissenschaftliche Disziplin u. a. auf *August Wöhler* (1819–1914) und *Ernst Gaßner* (1908–1988) [GAS39] zurück. Ihre Anfänge wurden in den Ermüdungsversuchen zu Förderketten im Bergbau von *Julius Albert* (1787–1846) gelegt.

Unter einer Betriebsfestigkeitsanalyse lässt sich allgemein die Absicherung eines Bauteils gegenüber den Beanspruchungen bzw. Belastungen im Betrieb verstehen, wobei die geforderte Lebensdauer bei Funktionstüchtigkeit des Bauteils oder Systems und eine entsprechende Sicherheit gegenüber Ausfall erreicht

© Springer-Verlag GmbH Deutschland, ein Teil von Springer Nature 2019
A. Dörnhöfer, *Betriebsfestigkeitsanalyse elektrifizierter Fahrzeuge*,
https://doi.org/10.1007/978-3-662-58877-2_3

werden sollen [SON08]. Die sog. Bauteilbemessung schließt jedoch in einem allgemeineren Ansatz auch die Vermeidung einer Überbemessung, d. h. der Überdimensionierung von Querschnitten, mit ein [HAI06]. Die Betriebsfestigkeitsanalyse von Bauteilen dient damit auch dem Leichtbau, sei es aus Gründen der Wirtschaftlichkeit, der Nachhaltigkeit oder der Funktionalität. Betriebsfestigkeit muss immer als eine Querschnittsdisziplin im Spannungsfeld aus Belastung, Formgebung, Werkstoff, Fertigung und Kosten verstanden werden [SON08].

Im Fahrzeugbau beinhaltet eine Betriebsfestigkeitsanalyse neben der Absicherung „klassischer", zeitlich veränderlicher Betriebsbeanspruchungen inzwischen auch die Berücksichtigung von Sonderereignissen bei bestimmungsgemäßer Verwendung (z. B. langsame Hindernisüberfahrt von Schlaglöchern o. ä.), von Missbrauchsereignissen (z. B. schnelle Hindernisüberfahrt), von Kriechen oder Verschleiß (z. B. Gelenkverschleiß von Fahrwerksbauteilen) [SON08]. Dieser weiter gefasste Blickwinkel auf die betriebsfeste Bemessung von Fahrzeugbauteilen kommt in Kap. 4 (Sonderereignisse aus Fahrbahnanregung bzw. Schock bei Hochvoltspeichern) und in Kap. 5 (Verschleiß bei elektrischen Steckkontakten) zum Tragen und geht über die ursprüngliche Definition von *Gaßner* hinaus [GAS39].

Für die Analyse kommen je nach betrachtetem Bauteil und je nach Techniksparte unterschiedliche Konzepte zur Anwendung [RAD07]:

- Nennspannungskonzept
  Dieses Konzept basiert auf der Analyse von Nennspannungen bzw. Nenndehnungen eines Bauteils und den Vergleich mit Bemessungswöhlerlinien im Nennbereich entweder des gleichen Bauteils oder von Proben mit gleicher Kerbzahl bzw. Kerbfallklasse. Bei komplexen Bauteilgeometrien, für die weder Nennbeanspruchungen noch Kerbzahlen definiert werden können, stößt dieses Konzept an seine Grenzen.
- Strukturspannungskonzept
  Es wird hauptsächlich für Schweißverbindungen genutzt und kann auch mit Dehnungen arbeiten. Meist basiert es auf der Extrapolation einer Beanspruchungsverteilung außerhalb des Nahtbereichs auf die Nahtübergangskerbe nach festgelegten Kriterien. Es findet auch bei komplexeren Geometrieformen Anwendung; eine Nennbeanspruchung muss nicht definiert werden.
- Örtliches Konzept/Kerbspannungskonzept
  Auch dieses Konzept kann mit Spannungen bzw. Dehnungen arbeiten. Die Basis für die Analyse ist der Vergleich der lokalen Beanspruchungen in kritischen Stellen des Bauteils, also z. B. in Kerben, mit örtlichen Bemessungswöhlerlinien. Vorteil des Konzeptes ist, dass es auch bei sehr komplexen

Geometrien eingesetzt werden kann. Es hat seine Grenzen aber dort, wo örtliche Spannungen bzw. Dehnungen nicht mehr sinnvoll definiert werden können, z. B. in Fügestellen oder bei Presspassungen.

• Bruchmechanikkonzept
Basis dieses Konzeptes ist die Vorstellung, dass in kritischen Bereichen eines Bauteils rissartige Fehler vorliegen, von denen aus ein Riss eingeleitet werden bzw. wachsen kann. Mit Hilfe von Spannungsintensitäten und zusätzlichen Werkstoffgesetzen findet eine Analyse statt.

3.1.1 Beanspruchung

Im Betrieb eines Fahrzeugs treten verschiedenartige Belastungen auf dessen Bauteile und Komponenten auf. Je nach ihrem zeitlichen Verlauf können Belastungs-Zeit-Funktionen (BZF) unterschieden werden (Abb. 3.1).

Konstante, ruhende oder zügige Belastungen werden auch als statische Belastungen bezeichnet, stoßartige oder schlagende Belastungen als dynamische Belastungen. Die Betriebsfestigkeitsanalyse beschäftigt sich hauptsächlich mit den Auswirkungen von zyklischen oder dynamischen Belastungen auf Bauteile.

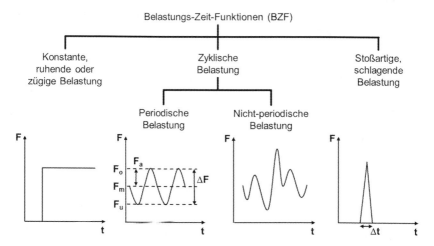

Abb. 3.1 Schematische Darstellung von Belastungs-Zeit-Funktionen. (Adaptiert nach [SAN08]; mit freundlicher Genehmigung von © Springer-Verlag Berlin Heidelberg 2008. All Rights Reserved)

Überlagerte statische Belastungen besitzen jedoch auch einen Einfluss auf die
Lebensdauer von Bauteilen.

Allgemeine periodische Belastungen, die über ein harmonisches Linienspektrum
im Frequenzbereich gegenüber nicht-periodischen Belastungen abgegrenzt werden
können [HAI06], lassen sich über eine Oberlast F_o, eine Unterlast F_u, eine Mittellast
F_m, eine Schwingbreite ΔF und eine Lastamplitude F_a charakterisieren (Abb. 3.1).
Das Spannungs- bzw. Lastverhältnis R ist nach [DIN16] definiert als

$$R = \frac{F_u}{F_o}. \tag{3.1}$$

Je nach Lastverhältnis wird bei periodischen Belastungen zwischen schwellen-
den, wechselnden oder allgemein schwingenden Belastungen unterschieden,
wobei z. B. die Sonderfälle reine Zugschwellbelastung durch $R = 0$ und Wechsel-
belastung durch $R = -1$ charakterisiert sind.

Ursachen für periodische Anregungen können im Fahrzeugbau z. B. in
Schwingungen aus rotierenden und oszillierenden Systemen wie dem Kurbel-
trieb eines Verbrennungsmotors liegen. In diesen Vibrationsanregungen lassen
sich Vielfache der Motordrehzahl, die sog. Motorordnungen, erkennen. Diese
Vibrationsanregungen aufgrund rotierender und oszillierender Massen in Verbrennungskraftmaschinen sind vor allem in Frequenzbereichen zwischen 100 Hz
und 1 kHz dominant.

Bei nichtperiodischen Belastungs-Zeit-Funktionen können die Signale sowohl
deterministischer als auch stochastischer Art sein. Charakteristisch dafür ist ein
kontinuierliches Frequenzspektrum [HAI06]. Deterministische Anregungen
zeichnen sich durch einen gesetzmäßigen Ablauf aus, durch den Größe und
Zeitpunkt der Belastung eindeutig bestimmt werden könnten [ZEN04]. Dazu
zählen z. B. Vibrationsanregungen durch Zünddruckverläufe im Zylinder bei
Verbrennungskraftmaschinen, die hauptsächlich bei Frequenzen oberhalb von
800 Hz auftreten. Im Gegensatz dazu können stochastische Belastungs-Zeit-
Funktionen nicht explizit durch mathematische Gleichungen beschrieben werden.
Es handelt sich vielmehr um Zufallsfunktionen, die sich lediglich durch ihre statistischen Eigenschaften charakterisieren lassen. Im Fahrzeugbau zählen hierzu
insbesondere die Vibrationsanregungen durch Fahrbahnunebenheiten oder Fahr-
manöver, die hauptsächlich bei Frequenzen unter 100 Hz dominant auftreten.
Aber auch Anregungen aufgrund von Verbrennungsprozessen, wie z. B. die Aus-
breitung einer Flammfront im Brennraum, weisen stochastische Merkmale auf.

Zeigt die Frequenzanalyse einer realen Belastungs-Zeit-Funktion neben domi-
nanten Linien auch ein kontinuierliches Grundspektrum, so kann von einem quasi-
periodischen Signal ausgegangen werden [HAI06]. Belastungs-Zeit-Funktionen

aufgrund von Vibrationsanregung können in Kraftfahrzeugen verschiedene Ursachen besitzen und auch in unterschiedlichen Frequenzbereichen wirken. Unter Belastungen werden allgemein die von außen auf ein Bauteil wirkenden Kräfte, Momente und Drücke bezeichnet. Sie treten bei Montage und im Betrieb aufgrund statischer, zyklischer und dynamischer Vorgänge auf und führen dann im Inneren des Bauteils zu örtlichen Beanspruchungen in Form von Spannungen und Dehnungen. Die Ermittlung von Belastungen auf ein Bauteil erfolgt z. B. durch Lasteinleitungsmessungen oder durch die Simulation der Lasten an den Bauteilgrenzen. Als Praxisbeispiele können hier die Messung von Fahrwerksbelastungen durch Straßenanregung mittels Messrädern oder kalibrierter Messbauteile sowie die Berechnung dieser Kräfte und Momente mittels Mehrkörpersimulation (MKS) in Fahrzeugmodellen auf virtuellen Strecken genannt werden. Die örtlichen Beanspruchungen auf der Oberfläche eines Bauteils können messtechnisch z. B. mittels Dehnmessstreifen oder auch mittels optischer Verfahren zur Dehnungsmessung quantifiziert werden. Aus einem gemessenen lokalen Dehnungszustand lässt sich dann auf den dortigen Spannungszustand schließen. Voraussetzung für die Messung örtlicher Beanspruchungen ist eine ausreichende Zugänglichkeit für die benötigte Messtechnik. Je nach Bauteil und Umgebungsbedingungen kann der Aufwand für Messung und Datenerfassung stark variieren. Auch muss berücksichtigt werden, dass jede Messtechnik einen Eingriff in das ursprüngliche System darstellt und abhängig von der Systemempfindlichkeit zu Veränderungen in der Beanspruchungssituation führen kann.

Ein häufig verwendetes Verfahren zur virtuellen Beanspruchungsermittlung in Bauteilen ist die Finite-Elemente-Analyse (FEM, FEA). Mit äußeren Belastungen und Lagerungs- bzw. Einspannbedingungen als Start-/Randbedingungen können die Spannungs- und Dehnungszustände innerhalb des Bauteils oder der Baugruppe simuliert werden. Wie gut die Simulationsergebnisse mit der realen Beanspruchungssituation übereinstimmen, hängt von der Komplexität von Bauteilgeometrie und Belastungssituation, dem Modellierungsaufwand für das Modell sowie der Güte der Eingangsgrößen und -parameter ab. Je mehr Bauteile in einer komplexen Belastungssituation gemeinsam agieren oder je mehr Nichtlinearitäten wie Fügestellen und Kontakte berücksichtigt werden müssen, desto schwieriger ist die Berechnung. Durch Validierungsuntersuchungen und den Abgleich mit Messungen lassen sich Simulationsparameter optimieren und die Ergebnisgüte signifikant verbessern. In einem Gesamtprozess der Beanspruchungsermittlung sollten daher experimentelle und simulative Methoden nie einzeln betrachtet, sondern immer ergänzend in Kombination gesehen werden. Welche Methode oder welche Kombination von Methoden zur Anwendung kommt, hängt neben technologischen Gesichtspunkten und von zeitlichem und finanziellem Aufwand ab.

Insbesondere bei metallischen Werkstoffen sind zyklische Beanspruchungen und die daraus resultierenden Spannungs-Dehnungs-Pfade bzw. -Hysteresen im zyklischen Spannungs-Dehnungs-Diagramm maßgeblich für die Ermüdung und Lebensdauer des Bauteils. In diesem Zusammenhang wird auch von Schwingspielen gesprochen. Um die in der Praxis oft regellose und komplexe Beanspruchungs-Zeit-Funktion für die Betriebsfestigkeitsanalyse zugänglich zu machen, wird durch Zähl- bzw. Klassierverfahren eine Informationskomprimierung und statistische Auswertung der Daten durchgeführt [KOE12]. Je nach Parameteranzahl des genutzten Verfahrens ist das Ergebnis eine Häufigkeitsverteilung der Beanspruchungsamplituden und weiterer charakterisierender Größen, wie z. B. der Mittelwerte. In diesen sog. Kollektiven lassen sich jedoch keine Informationen mehr über Reihenfolge und Frequenz der Schwingspiele in der Beanspruchungs-Zeit-Funktion finden. Die Erzeugung eines Beanspruchungskollektivs geht also immer auch mit einem Datenverlust einher, der jedoch die Qualität der Betriebsfestigkeitsanalyse nicht einschränkt.

Die Basis einer Klassierung einer Beanspruchungs-Zeit-Funktion bildet zunächst immer die Einteilung der Beanspruchung in oft äquidistante Klassen. Die Beanspruchung wird also diskretisiert. Einparametrische Zählverfahren wie Spitzenzählung, Klassengrenzenüberschreitungszählung, Bereichszählung oder Bereichspaarzählung erfassen die Häufigkeit des Auftretens eines größencharakterisierenden Merkmals des Signals mit Hilfe eines Parameters. Dabei gehen die Verfahren nach einer bestimmten Vorschrift vor. Die Klassengrenzenüberschreitungszählung zählt z. B. die Anzahl der Überschreitung einer bestimmten Klassengrenze bei steigendem Signal (Abb. 3.2).

Zweiparametrische Zählverfahren wie Bereichs-Mittelwert-Zählung, Von-Bis-Zählung, Bereichspaar-Mittelwert-Zählung oder Rainflowzählung erfassen zwei größenbeschreibende Parameter des Signals [KOE12]. Neben einer Amplitudencharakterisierung kann dies z. B. eine Beschreibung des Beanspruchungsmittelwerts sein. Für die Betriebsfestigkeitsanalyse spielt vor allem die Rainflowzählung eine besondere Rolle, bildet sie doch als Zählverfahren eine Analogie zum physikalischen Prozess der Ausbildung geschlossener Lastspielhysteresen im zyklischen Spannungs-Dehnungs-Diagramm. Gezählt werden im Rainflowalgorithmus nur geschlossene Schwingspiele, offene Hysteresen werden in einem sog. Residuum gespeichert. Das Ergebnis der Rainflowzählung ist eine Rainflowmatrix, aus der sich ein Kollektiv ableiten lässt. Doch auch andere, einfachere Zählverfahren haben für spezielle Fragestellungen eine physikalische Bedeutung. So lassen sich Gleitvorgänge bei Verschleißphänomenen gut mit der Klassengrenzenüberschreitungszählung charakterisieren (siehe Abschn. 5.6.4).

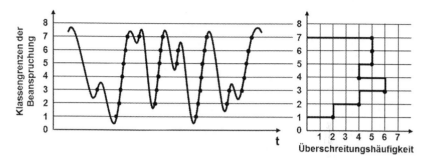

Abb. 3.2 Beanspruchungs-Zeit-Funktion (links) und Klassengrenzenüberschreitungs-zählung (rechts). (Adaptiert nach [KOE12]; mit freundlicher Genehmigung von © Springer-Verlag Berlin Heidelberg 2012. All Rights Reserved)

Durch die deterministische Signalaufbereitung lassen sich alle Klassierver-fahren sehr gut automatisieren. Auch aufwendige Verfahren stellen dank moder-ner EDV-Technik kein Problem mehr dar.

3.1.2 Beanspruchbarkeit

In der Frühzeit des Berg- und Eisenbahnbaus wurden trotz statischer Bauteilaus-legung auftretende Schäden durch unerwartete Überlasten erklärt. Erst durch Ver-suche von *Julius Albert* an Förderketten im Bergbau und dann durch von *August Wöhler* systematisch durchgeführte methodische Schwingfestigkeitsversuche an Werkstoffproben 1858–1870 wurde der Einfluss von zyklischer Beanspruchung eines Bauteils auch unterhalb dessen statischer Beanspruchbarkeit auf dessen Lebens-dauer erkannt [ZEN04]. Die zyklische Beanspruchbarkeit einer Werkstoffprobe oder eines Bauteils beschreibt also den Widerstand gegenüber Versagen bei zyklischer Belastung bzw. Beanspruchung. Sie erweitert damit die rein statischen Festigkeits-kennwerte eines Werkstoffs oder Bauteils bei ruhender oder zügiger Beanspruchung, wie z. B. Zugfestigkeit oder Dehngrenze, hin in den zyklischen Bereich.

Unter Wöhlerversuchen lassen sich Schwingversuche mit meist sinusförmiger Beanspruchung und konstanter Amplitude sowie konstanter Mittellast an Werk-stoffproben oder Bauteilen verstehen. Ob Proben oder Bauteile zur Versuchs-durchführung Anwendung finden, hängt vom verwendeten Bemessungskonzept zur Betriebsfestigkeitsbeurteilung ab (siehe Abschn. 3.1). Zur Auswertung werden die Beanspruchungsamplituden über der bis zum Versagenskriterium ertragenen Schwingspielzahl in einem Wöhlerdiagramm aufgetragen (Abb. 3.3).

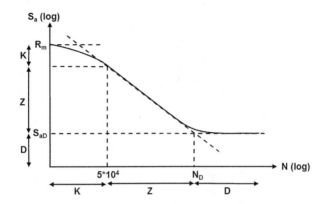

Abb. 3.3 Wöhlerdiagramm – charakteristischer Verlauf und Kennwerte (bei wechselnden Beanspruchungen, $R = -1$)

Als Versagenskriterium kann beispielsweise der technische Anriss, der Verlust einer Funktion, z. B. aufgrund Steifigkeitsabfall oder Undichtigkeit, oder der vollständige Bruch der Probe bzw. des Bauteils definiert werden.

In einem Wöhlerdiagramm lassen sich üblicherweise drei charakteristische Bereiche identifizieren. Im Bereich der Kurzzeitfestigkeit K unterhalb der statischen Zugfestigkeit R_m überwiegen die plastischen Dehnungen, es kommt zu einem frühzeitigen Versagen. Der Übergang zur Zeitfestigkeit Z geschieht im Bereich der Formdehngrenze [RAD07]. Ab hier ergibt sich bei doppeltlogarithmischer Auftragung des Diagramms ein für Wöhlerlinien charakteristischer linearer Zusammenhang zwischen Beanspruchungsamplitude S_a und ertragbarer Schwingspielzahl N. Ab einer Eckschwingspielzahl N_D geht die fallende Gerade in eine horizontale Linie über. Die sog. Dauerfestigkeit S_{aD} markiert im Dauerfestigkeitsbereich D die Grenze, unterhalb derer Beanspruchungsamplituden nur noch einen geringen Einfluss auf die Lebensdauer der Probe bzw. des Bauteils besitzen. Je nach verwendetem Werkstoff liegt diese Grenze bei $N_D = 5 \cdot 10^5 \ldots 10^7$ Schwingspielen und ist stärker oder weniger stark ausgeprägt. Aluminiumwerkstoffe zeigen z. B. auch jenseits dieser Grenze eine (leicht) abnehmende Beanspruchbarkeit, sodass in der Literatur über die Existenz einer echten Dauerfestigkeit diskutiert wird [SON08]. Aktuelle Forschungsarbeiten widmen sich dem Werkstoffverhalten bei sehr hohen Schwingspielzahlen $> 10^7$ (VHCF- und UHCF-Bereich), siehe z. B. [SCH11].

Im Zeitfestigkeitsbereich Z existiert bei doppeltlogarithmischer Auftragung ein linearer Zusammenhang zwischen der Beanspruchungsamplitude S_a und der Schwingspielzahl N. Es gilt

$$S_a = S_{aD} \cdot \left(\frac{N_D}{N} \right)^{\frac{1}{k}}. \tag{3.2}$$

Die Geradenneigung k variiert dabei je nach Werkstoff, Lastsituation und lokaler Proben- bzw. Bauteilgeometrie zwischen $k = 3$ bei z. B. scharfen Kerben über $k = 5$ für übliche Bauteile unter Biegebeanspruchung, $k = 9$ für z. B. Wellen unter Torsion bis hin zu $k = 10 \ldots 20$ für glatte, ungekerbte Proben.

Aus (3.2) lässt sich durch Umstellen die ertragbare Schwingspielzahl bei einer abweichenden Beanspruchungsamplitude berechnen (Abb. 3.4):

$$\frac{N_2}{N_1} = \left(\frac{S_{a1}}{S_{a2}} \right)^k. \tag{3.3}$$

Bei $k = 5$ bewirkt z. B. eine Erhöhung der Beanspruchungsamplitude um 10 % eine Reduktion der ertragbaren Schwingspielzahl um den Faktor 1,61. Wird $N_2 = N_D$ und $S_{a2} = S_{aD}$ als Abknickpunkt zum Dauerfestigkeitsbereich gesetzt, so ist die Wöhlerlinie im Zeitfestigkeitsbereich durch (3.3) eindeutig beschrieben.

Zur Ermittlung von Wöhlerlinien und den beschriebenen Kennwerten auf Basis von Versuchsdaten existieren verschiedene Vorgehensweisen im Zeit- und Dauerfestigkeitsbereich. Um eine 50 %-Wöhlerlinie (Überlebenswahrscheinlichkeit im Versuch 50 %) und die statistischen Größen zu bestimmen, sind in *DIN 50100*

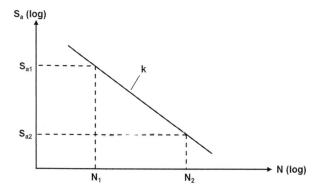

Abb. 3.4 Wöhlerlinie mit Bestimmung der Neigung k im Zeitfestigkeitsbereich

geeignete Vorgehensweisen empfohlen [DIN16]. Sie stellen einen Kompromiss aus benötigtem Versuchsaufwand und Aussagegüte dar. Wöhlerversuche werden definitionsgemäß mit konstanter Amplitude durchgeführt (Einstufenversuche). Viele reale Lastsituationen führen jedoch zu periodischen Beanspruchungen mit veränderlicher Amplitude oder zu nicht-periodischen Beanspruchungen. Eine direkte versuchstechnische Berücksichtigung findet in den sog. Gaßnerversuchen und daraus folgend Gaßnerlinien statt [GAS39]. Im Gegensatz zu Wöhlerversuchen mit konstanter Amplitude werden Gaßnerversuche mit variablen Amplituden durchgeführt. Dazu wird eine Lastfolge mit verschiedenen Amplituden und ihren Mittelwerten definiert und die Lastfolge während eines Versuchs mehrmals hintereinander wiederholt. Die Amplituden genügen dabei einer bestimmten Häufigkeitsverteilung. Die Darstellung findet analog zum Wöhlerdiagramm auch bei Gaßnerlinien statt, wobei als Beanspruchungsamplitude üblicherweise die in einer Lastfolge maximal verwendete Amplitude über der ertragbaren Schwingspielzahl aufgetragen wird [SON08]. Da in der Lastfolge auch kleinere Amplituden mit geringerer Schädigung vorkommen, liegt die Gaßnerlinie im Vergleich zur Wöhlerlinie im Diagramm weiter rechts bei höheren Schwingspielzahlen. In der Praxis zeigt eine Bemessung unter Berücksichtigung von geeigneten Gaßnerlinien die beste Vorhersagegüte, ist jedoch gerade bei veränderlichen und komplexen Beanspruchungssituationen nur schwer umsetzbar. Für jede Beanspruchungssituation müsste in Versuchen die auch bezüglich Häufigkeitsverteilung der Beanspruchungsamplituden passende Gaßnerlinie ermittelt werden. Dies ist hinsichtlich des Versuchs- und Zeitaufwands meist nicht möglich, weswegen oft eine Abschätzung der Lebensdauer über Wöhlerlinien unter konstanter Amplitude und berechneter Schadensakkumulation mit Schädigungshypothesen angestrebt wird.

3.1.3 Schadensakkumulation

Um die Lebensdauer eines Bauteils im Rahmen einer Betriebsfestigkeitsanalyse abschätzen zu können, kommt bei Fehlen von genau für die Beanspruchungssituation passenden Gaßnerversuchen mit veränderlicher Amplitude häufig eine Schädigungshypothese zur Anwendung. Die am häufigsten genutzte Schädigungshypothese ist die lineare Schadensakkumulation nach *Palmgren-Miner* [HAI06].

Sie geht von der Annahme aus, dass jedes Schwingspiel einer bestimmten Amplitude zu einer Schädigung des Bauteils führt. Die Summe der Teilschädigungen führt dann zur Gesamtschädigung. Um die Schadensakkumulation durchführen zu können, ist neben der Wöhlerlinie auch das Beanspruchungskollektiv mit Darstellung der Summenhäufigkeit für das Auftreten einer bestimmten Beanspruchungsamplitude notwendig (Abb. 3.5).

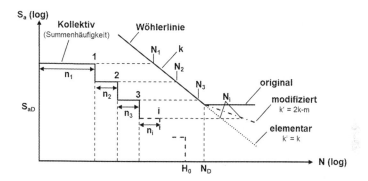

Abb. 3.5 Schematische Darstellung der linearen Schadensakkumulation

Bei einem Beanspruchungskollektiv des Umfangs H_0 mit j Klassen und einer Anzahl n_i der auftretenden Schwingspiele in der i -ten Klasse sowie den aus der Wöhlerlinie bekannten maximal ertragbaren Schwingspielen N_i dieser Klasse errechnet sich die Gesamtschädigung D durch lineare Akkumulation aller Teil-schädigungen D_i der j Klassen zu

$$D = \sum_{i=1}^{j} D_i = \sum_{i=1}^{j} \frac{n_i}{N_i}. \tag{3.4}$$

Für die Berechnung nach *Original-Palmgren-Miner* verläuft die Wöhlerlinie unterhalb der Dauerfestigkeit (S_{aD}, N_D) waagerecht, d. h. Schwingspiele mit einer Amplitude kleiner als S_{aD} tragen nicht zur Gesamtschädigung bei. Weil diese Annahme in der Praxis häufig nicht zutrifft, kommen auch andere Verläufe der Wöhlerlinie im Dauerfestigkeitsbereich zum Einsatz [SON08]. *Palmgren-Miner-Elementar* setzt die Wöhlerlinie mit unveränderter Neigung $k' = k$ fort, die Modifikation nach *Haibach* [HAI06] geht von einer Neigung $k' = 2k - m$ aus, wobei z. B. $m = 1$ gilt (Abb. 3.5).

Die Lebensdauer kann dann mit Erreichen der theoretischen Schadens-summe $D = D_{th} = 1$ abgeschätzt werden. In der Praxis gilt dies jedoch nur für Einstufenversuche. Bei mehrstufigen Versuchen und realen Beanspruchungs kollektiven zeigen sich bereits bei kleineren Schadenssummen Ausfälle. Die tat-sächliche Schadenssumme D_{tat} für einen Ausfall lässt sich nur aus Experimenten bestimmen. Hierzu ist sowohl die Kenntnis von Wöhler- als auch Gaßnerlinien für ein gegebenes Kollektiv erforderlich [SON08]. Ist diese nicht vorhanden, so kann eine Lebensdauerabschätzung mit eigenen Erfahrungswerten für D_{tat} im

Rahmen eines Relativ-Miner-Konzepts nach *Schütz* [SCH72] oder z. B. mit maximal zulässigen Werten für die Schädigung D_{zul} nach FKM-Richtlinie [FKM12] erfolgen. Je nach überlagerten Mittelspannungen wird hier für geschweißte oder nicht geschweißte Bauteile aus Stahl oder Aluminium ein $D_{zul} = 0,1 \dots 0,5$ empfohlen [FKM12, SON08].

3.1.4 Bemessung

Je nachdem, welche Beanspruchung in dem hinsichtlich Betriebsfestigkeit zu analysierenden Bauteil vorherrscht (Abb. 3.1), und je nach Ziellebensdauer des Bauteils kann zwischen statischer, dauerfester und betriebsfester Bemessung unterschieden werden. Allgemein beruht die Bemessung eines Bauteils bzw. die Absicherung seiner Betriebsfestigkeit immer auf dem Vergleich zwischen tatsächlich auftretender Beanspruchung (aus Belastungen auf das Bauteil, siehe Abschn. 3.1.1) und der Beanspruchbarkeit (also der Festigkeit des Bauteils, siehe Abschn. 3.1.2) [KOE12]. Wichtig in diesem Zusammenhang sind immer die Kriterien, nach denen ein Versagen des Bauteils vorliegt, und die sich je nach Bemessungsart auch unterscheiden können.

Die statische Bemessung erfolgt bei ruhender oder zügiger Beanspruchung gegenüber Gewaltbruch, Knicken oder z. B. maximal zulässigen Verformungen.

Die Bemessung bei schwingenden Beanspruchungen kann entweder dauerfest oder betriebsfest z. B. gegen Anriss oder Bruch erfolgen.

Dauerfeste Auslegung bedeutet, dass das Bauteil bei der auftretenden Beanspruchung auch nach beliebig vielen Schwingspielen keinen Anriss oder Schwingbruch zeigt. Ein Schwingbruch beschreibt dabei das Ende eines Prozesses aus Rissinitiierung, Mikrorisswachstum, makroskopischem Anriss, Makrorisswachstum und schließlich dem Restbruch. Danach kann die Dauerfestigkeit bei der Betriebsfestigkeitsanalyse auch als die Grenze gesehen werden, bei der noch gar keine Rissinitiierung eingeleitet wird oder bei der eine Rissarretierung stattfindet, d. h. ein vorhandener Riss stabil nicht weiter wächst.

Je nach Werkstoff zeigt sich bei höheren Schwingspielzahlen oberhalb der sog. Dauerfestigkeit oft eine weitere Abnahme der Beanspruchbarkeit. Bei Aluminiumlegierungen und austenitischen Stählen sowie allgemein im High-cycle-fatigue-Bereich (HCF) bringen neuere Untersuchungen je nach Fall eine mit zunehmender Lastspielzahl mehr oder weniger große, weitere Abnahme der ertragbaren Beanspruchungsamplituden und damit eine Abweichung von der Horizontalen im Wöhlerdiagramm zu Tage [SON08]. Je nach Bauteil und verwendeten Werkstoffen erweist sich die Anwendung einer „Dauerfestigkeit" zur Bemessung in der Praxis aber dennoch als sinnvoll und richtig [KOE12], insbesondere aufgrund des nur geringen Berechnungsaufwands zur Analyse. So kommt sie im Fahrzeugbau vor allem bei Motorbauteilen mit hohen Schwingspielzahlen während der Nutzungsdauer ($> 10^7$ Schwingspiele) und einer rechteckigen Kollektivform (d. h. Annäherung der Beanspruchung an eine Einstufenlast) zum Einsatz, z. B. bei Kurbelwellen oder Pleueln. Der Sicherheitsfaktor S in der Bemessung ergibt sich aus dem Vergleich zwischen der Amplitude der Betriebsbeanspruchung S_{aB} mit der dauerfest zu ertragenden Beanspruchbarkeit S_{aD} (Dauerfestigkeit). Als S_{aB} kann je nach Beanspruchungsart die Amplitude einer Einstufenlast oder der dauerhaft zu ertragende Kollektivhöchstwert eines Beanspruchungskollektivs gewählt werden (Abb. 3.6).

Bei konventionellen Sicherheitskonzepten richtet sich der Mindestwert des Sicherheitsfaktors S nach Erfahrungswerten oder er kann als Richtwert verschiedenen Tabellenwerken [FKM12] entnommen werden.

Betriebsfeste Auslegung bedeutet, dass explizit Beanspruchungsamplituden zugelassen werden, deren Niveau die Dauerfestigkeit übersteigt, bei denen also Risse im Material initiiert werden können. Diese Amplituden erzeugen eine bestimmte Schädigung (siehe Abschn. 3.1.3) und können daher nicht unbegrenzt oft ertragen werden. Das Bauteil ist bei der betriebsfesten Bemessung also nur für eine bestimmte, begrenzte Lebensdauer ausgelegt. Während dieser Lebensdauer darf kein Bauteilversagen durch makroskopisches Risswachstum und schließlich Bruch auftreten.

Grund für diese vom Dauerfestigkeitsgedanken abweichenden Bemessungsphilosophie ist der Leichtbau. Durch kleiner dimensionierte Bauteile mit bedarfsgerechter Lebensdauer können Material und Kosten eingespart, die Nutzlast erhöht und Funktionen u. U. erst ermöglicht werden (z. B. Flugzeug). Auch sind

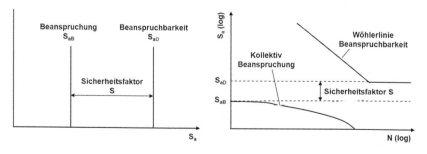

Abb. 3.6 Konventionelles Sicherheitskonzept für Dauerfestigkeit (links) und Vergleich zwischen Beanspruchungskollektiv und Wöhlerlinie (rechts)

Bauteile in der Praxis teilweise nur geringen Schwingspielzahlen ausgesetzt oder eine unendlich lange Lebensdauer technischer Produkte erscheint aus Sicht des kontinuierlichen technischen Fortschritts wenig sinnvoll [KOE12]. Die betriebsfeste Bemessung erfolgt über die experimentelle Absicherung mittels Lastkollektiven (Ermittlung Gaßnerlinien) oder die Anwendung von Schädigungshypothesen mit berechneter Schadensakkumulation auf Basis von Beanspruchungskollektiv und Wöhlerlinie (siehe Abschn. 3.1.3).

In der Realität unterliegen sowohl Beanspruchung als auch Beanspruchbarkeit bestimmten Streuungen. Im Fahrzeugbau können diese ihre Ursachen z. B. im Fahrer- und Varianteneinfluss, dem Straßeneinfluss, unterschiedlichem Nutzungsverhalten oder in Bauteil-, Fertigungs- und Werkstofftoleranzen haben. Die Werte für die Beanspruchung und die Beanspruchbarkeit eines Bauteils streuen daher um ihre Mittelwerte (50 %-Werte) mit einer bestimmten Verteilung (Abb. 3.7) [HAI06]. Meist wird dazu in der Betriebsfestigkeitsanalyse eine Log-Normalverteilung angenommen, jedoch ist fallspezifisch auch eine andere Verteilung wie etwa die Weibull-Verteilung sinnvoll. Im sog. Zuverlässigkeitskonzept der Bemessung werden Sicherheiten und Bewertungen immer auf Basis von Wahrscheinlichkeiten und Streuungen errechnet.

Bei Anwendung der Log-Normalverteilung werden alle Merkmalsgrößen, wie die Beanspruchung S_{aB} und die Beanspruchbarkeit S_{aF} (bei dauerfester Auslegung gilt $S_{aF} = S_{aD}$ mit der Dauerfestigkeit S_{aD}), logarithmiert. Die zugehörigen logarithmischen Merkmalsgrößen lassen sich dann schreiben als

$$x_B = \log(S_{aB}) \text{ und} \qquad\qquad\qquad (3.5)$$

$$x_F = \log(S_{aF}). \qquad\qquad\qquad (3.6)$$

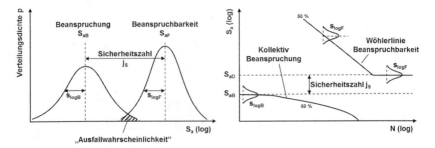

Abb. 3.7 Zuverlässigkeitskonzept und Ausfallwahrscheinlichkeit (links) und Streuung bei Beanspruchungskollektiv und Wöhlerlinie (rechts)

Die 50 %-Werte von Beanspruchung S_{aB50} und Beanspruchbarkeit S_{aF50} ergeben sich wieder durch Delogarithmieren der Mittelwerte der logarithmischen Merkmalsgrößen m_B und m_F:

$$S_{aB50} = 10^{m_B} \text{ und} \tag{3.7}$$

$$S_{aF50} = 10^{m_F}. \tag{3.8}$$

Ein Versagen tritt ein, wenn die Differenz z aus den logarithmischen Merkmalsgrößen von Beanspruchbarkeit und Beanspruchung negativ wird, d. h. wenn die Beanspruchung die Festigkeit übersteigt:

$$z = x_F - x_B. \tag{3.9}$$

Für den Mittelwert m und die Standardabweichung s_{log} der kombinierten Differenzverteilung mit Merkmalsgröße z kann dann aus den Mittelwerten m_F und m_B sowie aus den Standardabweichungen s_{logB} und s_{logF} der Einzelverteilungen berechnet werden:

$$m = m_F - m_B \text{ und} \tag{3.10}$$

$$s_{log} = \sqrt{s_{logF}{}^2 + s_{logB}{}^2}. \tag{3.11}$$

Streuungen können sowohl in Last- als auch in Schwingspielzahlrichtung existieren. Beide hängen analog zu den entsprechenden Merkmalsgrößen über die Neigung der Wöhlerlinie zusammen.

Durch Normierung der logarithmischen Merkmalsgröße z mit Mittelwert m und Standardabweichung s_{log} erhält man:

$$u = \frac{z - m}{s_{log}}. \tag{3.12}$$

Die Ausfallwahrscheinlichkeit P_A errechnet sich dann als Integral

$$P_A(u_0) = \frac{1}{\sqrt{2\pi}} \int_{-\infty}^{u_0} e^{-\frac{u^2}{2}} du \tag{3.13}$$

mit der oberen Integrationsgrenze u_0, der sog. bezogenen Sicherheitsspanne.

Bei einer logarithmischen Normalverteilung kann u_0 als Funktion von P_A bestimmt werden (Tab. 3.1).

Tab. 3.1 Bezogene Sicherheitsspanne für verschiedene Ausfallwahrscheinlichkeiten

P_A	10^{-1}	10^{-2}	10^{-3}	10^{-4}	10^{-5}	10^{-6}
u_0	$-1,28$	$-2,33$	$-3,09$	$-3,72$	$-4,27$	$-4,75$

Ein Versagen tritt genau dann auf, wenn Beanspruchung und Beanspruchbarkeit gleich groß werden, d. h. wenn $z = 0$ gilt. Dann berechnet sich aus (3.12):

$$u_0 = \frac{0 - m}{s_{log}} = -\frac{m}{s_{log}}. \tag{3.14}$$

Im Gegensatz zum konventionellen Sicherheitskonzept mit dem Sicherheitsfaktor S kann beim Zuverlässigkeitskonzept eine statistisch begründete Sicherheitszahl j_S errechnet werden, die als Verhältnis der 50 %-Mittelwerte von Beanspruchbarkeit und Beanspruchung definiert ist und für eine zuverlässige Bemessung des Bauteils mindestens eingehalten werden muss:

$$j_S = \frac{S_{aF50}}{S_{aB50}}. \tag{3.15}$$

Aus den Gl. (3.7), (3.8), (3.10), (3.14) und (3.15) ergibt sich dann für die Sicherheitszahl j_S:

$$j_S = 10^{-u_0 \cdot s_{log}}. \tag{3.16}$$

Für ein Praxisbeispiel mit $s_{logB} = 0,03$, $s_{logF} = 0,04$ als gegebene Streuungen in Lastrichtung und einer Zielausfallwahrscheinlichkeit $P_A = 10^{-5}$ lässt sich dann eine Sicherheitszahl $j_S = 1,63$ als Abstand der Mittelwerte von Beanspruchung und Beanspruchbarkeit berechnen. Die Werte für die Streuungen von Beanspruchung und Beanspruchbarkeit beruhen auf Mess- bzw. Prüfwerten oder Abschätzungen über die Literatur für bestimmte Werkstoffe, Fertigungsverfahren und Bauteile [HAI06]. Zur Bestimmung von Streuungen bei Wöhlerlinien siehe auch *DIN 50100* [DIN16]. Das Zuverlässigkeitskonzept kann nicht nur auf die dauerfeste Auslegung, sondern auch auf die betriebsfeste Auslegung mit Schädigungsberechnungen übertragen werden.

3.2   Elektrifizierte Fahrzeuge

Unter elektrifizierten Fahrzeugen werden im Rahmen dieser Arbeit Fahrzeuge verstanden, die durch ihren technischen Aufbau dazu in der Lage sind, vollständig oder zumindest ergänzend durch eine Traktionselektromaschine Vortrieb zu erhalten.

Je nach Antriebsstrangarchitektur können dabei neben rein elektrischen Konzepten (BEV) auch Kombinationen mit einem Verbrennungsmotor (Hybridfahrzeuge oder Fahrzeuge mit Range-Extender) vorgefunden werden. Andere Definitionen für Elektromobilität schränken weiter ein und stellen die Herkunft der elektrischen Antriebsenergie der betrachteten Fahrzeuge in den Fokus, d. h. ob eine externe Lademöglichkeit am Stromnetz gegeben ist und diese auch überwiegend zum Einsatz kommt [BMU13]. Unterschiede in der Zuordnung ergeben sich so für viele hybridisierte Fahrzeuge mit kleinerem Elektrifizierungsgrad ohne externe Lademöglichkeit (autarke Hybridantriebe, MHEV oder HEV) sowie für Brennstoffzellenfahrzeuge (FCEV, siehe Abschn. 3.2.2).

3.2.1 Bedeutung und zukünftige Entwicklung

1886 wird häufig als das Geburtsjahr des modernen Automobils bezeichnet. In diesem Jahr meldete *Carl Benz* aus Mannheim seinen Benz-Patent-Motorwagen mit Verbrennungsmotor und drei Rädern zum Patent an (Reichspatent 37435). *Gottlieb Daimler, Wilhelm Maybach* und andere folgten kurz danach mit ähnlichen Motorkutschen mit vier Rädern. Bereits 1881 hatte aber *M. Gustave Trouvé* in Paris ein Dreirad mit Elektroantrieb, das Trouvé Tricycle entwickelt. Das erste vierrädrige Elektrofahrzeug baute wohl 1888 die Coburger *Maschinenfabrik A. Flocken* [HLA12, SCH02]. Zusammen mit parallel entwickelten Dampfwagen gab es damit am Ende des 19. und am Anfang des 20. Jahrhunderts eine Koexistenz der verschiedenen Antriebsformen Verbrennungsmotor-, Dampf- und Elektroantrieb bei Kraftfahrzeugen. Um das Jahr 1900 waren z. B. in den USA 40 % der Fahrzeuge Dampfwagen, 38 % mit Elektroantrieb ausgestattet und nur 22 % verfügten über einen Benzinmotor [MOE02]. Ab 1911 traten Fahrzeuge mit Verbrennungskraftmaschine jedoch ihren Siegeszug über die anderen Konzepte an, da ihr größter Nachteil, das Starten des Motors mit Handkurbel, durch die Entwicklung des elektrischen Anlassers durch *Charles Kettering* wegfiel, Vergaserkraftstoffe zunehmend billiger wurden und die Reichweite die von elektrifizierten Fahrzeugen deutlich überstieg. So wurden in der Folge Elektrofahrzeuge fast vollständig vom Markt verdrängt und spielten keine Rolle mehr [SPI12].

Die Europäische Union hat sich 2007 dazu verpflichtet, die Treibhausgasemissionen gegenüber 1990 bis 2020 um mindestens 20 % zu reduzieren, um das Ziel einer maximalen globalen Temperaturerhöhung von 2 °C erreichen zu können [KOM07]. Da der Verkehr mit ca. 26 % erheblich zu den CO_2-Gesamtemissionen der EU beiträgt, wurde für 2020 ein Zielwert der Neuwagenflotte von 95 g CO_2/km beschlossen [AEU09]. Um die Erderwärmung auf maximal 2 °C zu begrenzen, ist nach Berechnungen des deutschen Bundesumweltministeriums sogar eine weitere Reduzierung der CO_2-Emissionen von Pkw auf 43 g CO_2/km im Jahr 2050 notwendig [BMU13]. Bereits für die Erreichung des Ziels von 95 g CO_2/km bedarf es erheblicher technischer Anstrengungen (Abb. 3.8).

Nur durch eine fortschreitende Elektrifizierung des Antriebsstrangs, die daraus resultierenden Effizienzvorteile sowie die Einberechnung der Herkunft externer elektrischer Energie aus regenerativen Quellen scheint es unter den gegebenen umweltpolitischen und gesetzlichen Rahmenbedingungen möglich, die herausfordernden Emissionsziele zu erreichen.

In der Nationalen Plattform Elektromobilität hat die deutsche Bundesregierung 2011 das Ziel formuliert, Deutschland im Jahr 2020 zum Leitmarkt für Elektromobilität zu machen. Dazu sollten 2020 mindestens eine Million Elektrofahrzeuge in Deutschland zugelassen sein [NPE16]. Zu Elektrofahrzeugen werden in diesem Zusammenhang Fahrzeuge mit externer Lademöglichkeit, also PHEV, BEV und REEV gezählt (siehe Abschn. 3.2.2). Da die aktuelle Zusammensetzung des Bestands an in Deutschland zugelassenen Fahrzeugen zum 1. Januar 2017 nur 34.022 BEV und 20.975 PHEV (von insgesamt 165.405 Hybridfahrzeugen), d. h. in Summe nur ca. 55.000 Elektrofahrzeuge nach o. g. Definition aufweist (Abb. 3.9), scheint hier zukünftig ein erheblicher Bedarf an elektrifizierten Fahrzeugen vorhanden, um die Zielwerte hinsichtlich Zulassungszahlen und CO_2-Emissionen in Deutschland und Europa zu erfüllen.

Unabhängig von der Erzeugung des elektrischen Stroms (fossile, atomare oder regenerative Quellen) bieten elektrifizierte Fahrzeuge die Möglichkeit lokal

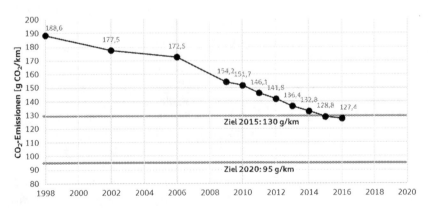

Abb. 3.8 Durchschnittliche CO_2-Emissionen in Deutschland neu zugelassener Pkw in den Jahren 1998 bis 2016. (Daten aus [STA17])

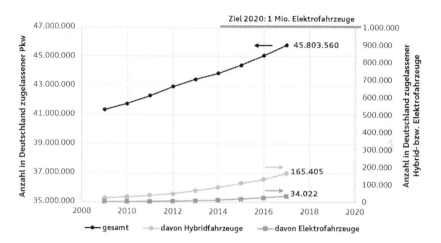

Abb. 3.9 Bestand an Personenkraftwagen in Deutschland jeweils zum 1. Januar des Jahres 2009 bis 2017 und Zielwert der Nationalen Plattform Elektromobilität im Jahr 2020. (Daten aus [KBA17])

emissionsfreier Mobilität. Je nach Grad der Elektrifizierung zeigen sich jedoch Unterschiede in der elektrischen Reichweite (siehe Abschn. 3.2.2). Lokal emissionsfreie Mobilität gewinnt gerade vor dem Hintergrund der Luftbelastung in Städten und der zunehmenden Urbanisierung immer mehr an Bedeutung.

Neben dem Druck durch Emissionsvorschriften zeichnet sich auch international ein politischer und regulatorischer Trend zur Förderung elektrifizierter Fahrzeuge ab. Jüngste Meldungen sprechen von einem Verbot von Fahrzeugen mit Verbrennungsmotor in Norwegen ab 2025 und in Frankreich bzw. Großbritannien ab 2040 [MAN17]. Inwieweit diese Pläne konkret zur Umsetzung kommen, bleibt abzuwarten. Eine in China eingeführte Quote für elektrifizierte Fahrzeuge ab 2018 für die Zulassung von Neufahrzeugen stellt internationale Fahrzeughersteller jedoch bereits heute vor große Herausforderungen [HAN17].

Aus diesem Grund legen die Strategien großer Automobilhersteller den Fokus auf die Entwicklung elektrifizierter Antriebe. Ein Ziel in seiner „Strategie 2025" sind für Audi die elektrischen Antriebstechnologien. So sollen 2025 ein Drittel der produzierten Fahrzeuge Elektroautos sein [AUD17]. Volvo kündigt an, ab 2019 nur noch elektrifizierte Fahrzeuge neu in den Markt einführen zu wollen und bis 2021 fünf BEV-Modelle auf den Markt zu bringen [VOL17]. Volkswagen möchte bis 2025 eine Million Elektroautos pro Jahr verkaufen und Weltmarktführer in der Elektromobilität werden [VWK16].

Zusammenfassend lässt sich feststellen, dass nach fast hundert Jahren Dominanz des Verbrennungsmotors und untergeordneter Bedeutung von Elektroantrieben dem elektrifizierten Fahrzeug und seinem Antriebsstrang in Zukunft große Bedeutung zukommen wird.

3.2.2 Einteilung elektrifizierter Antriebsstränge

Aufgrund der in Abschn. 3.2 beschriebenen Definition sind unter elektrifizierten Fahrzeugen nicht nur reine Batterieelektrofahrzeuge (BEV) zu sehen, die über keine Verbrennungskraftmaschine (VKM) verfügen. Vielmehr stellen eine große Gruppe der elektrifizierten Fahrzeuge die sog. Hybridfahrzeuge dar, die in ihrer Antriebsstrangarchitektur sowohl mindestens einen Elektromotor (EM) als auch einen Verbrennungsmotor besitzen [TSC15]. Als Antriebsstrang gilt die gesamte Technik im Fahrzeug, die für dessen Vortrieb zuständig ist, also vom Energiespeicher bis zum Rad.

Zwischen dem konventionellen Antrieb, bei dem ausschließlich der Verbrennungsmotor das Fahrzeug antreibt, und dem batterieelektrischen Fahrzeug, das über keine VKM zur Energieerzeugung mehr verfügt, existiert eine ganze Bandbreite an Hybridfahrzeugen (Tab. 3.2). Für die Auslegung und Dimensionierung relevant sind dabei neben der möglichen Verbrauchs- und Emissionsminderung auch Zielsetzungen wie Fahrleistungserhöhung und Fahreigenschaftsverbesserung [REI11]. Im Rahmen dieser Arbeit werden nur Hybridfahrzeuge mit elektrischem Energiespeicher betrachtet. Hydropneumatische oder Schwungradspeicher finden keine weitere Erwähnung [HOF14]. Eine Unterteilung der Hybridantriebsstränge kann nach dem Grad der Elektrifizierung erfolgen. Je nach Autor finden sich in der Literatur teilweise unterschiedliche Definitionen der einzelnen Hybridisierungsstufen [HOF14, REI12, WAL11]. Hybridantriebe werden oft auch als Brückentechnologie auf dem Weg vom konventionellen Antrieb hin zum reinen batterieelektrischen Antrieb bezeichnet [BMU13].

Micro Hybride (MHD) verfügen über kein Hochvoltsystem, können aber über einen leistungsfähigen Anlasser und einen regelbaren Generator an der VKM oder über einen kombinierten Startergenerator Start/Stopp und ein intelligentes Lademanagement realisieren. Sie werden teilweise zu den Hybridantrieben gerechnet, obwohl sie keine direkte elektrische Antriebsleistung bereitstellen können. Aufgrund der in dieser Arbeit gewählten Definition (Abschn. 3.2) werden sie hier nicht zu den elektrifizierten Fahrzeugen gezählt.

Tab. 3.2 Einteilung elektr. Fahrzeuge nach dem Grad der Elektrifizierung/Hybridisierung

	Konventioneller Antrieb	Micro Hybrid MHD	Mild Hybrid MHEV	(Full) Hybrid HEV
VKM	x	x	x	x
Kraftstofftank	Benzin/Diesel	Benzin/Diesel	Benzin/Diesel	Benzin/Diesel
NV-Speicher	12 V	12 V	12 V	12 V
EM	–	2…8 kW	10…15 kW	20…50 kW
HV-Speicher	–	–	48…150 V <1 kWh	200…800 V <1…2 kWh
Elektr. Boosten	–	–	x	x
Elektr. Reichweite	–	–	–	2…5 km
Externes Laden	–	–	–	–

	Plug-in Hybrid PHEV	Hybrid mit Range-Extender REEV	Batterie-elektrisch BEV	Brennstoffzelle FCEV
VKM	x	x	–	
Kraftstofftank	Benzin/Diesel	Benzin	–	Wasserstoff
NV-Speicher	12 V	12 V	12 V	12 V
EM	>50 kW	>50 kW	>50 kW	>50 kW
HV-Speicher	200…800 V 5…20 kWh	200…800 V 10…25 kWh	200…800 V 15…100 kWh	200…800 V 5…10 kWh
Elektr. Boosten	x	x	x	x
Elektr. Reichweite	20…50 km	50…100 km	100…400 km	300…600 km
Externes Laden	x	x	x	–

Mild Hybride (MHEV) besitzen üblicherweise bereits ein zweites Batterie-system mit höherer Spannungslage, um die für den elektrischen Antrieb erforder-liche Energie mit niedrigeren Strömen bereitzustellen. Neueste Trends gehen hier parallel zum bekannten 12 V-System (NV-Speicher) zu einer 48 V-Versorgung. Rein elektrischer Fahrbetrieb ist, wenn überhaupt, nur eingeschränkt möglich, elektrische Antriebsunterstützung (Boosten) und direkte Bremsenergierück-gewinnung (Rekuperation) kennzeichnen jedoch einen MHEV.

Full Hybride (HEV) besitzen neben der VKM auch einen Elektroantrieb, der einen elektrischen Fahrbetrieb auf kürzeren Strecken und bis in mittlere Leitungsbereiche ermöglicht. Damit wird je nach Betriebsstrategie ein lokal emissionsfreier Betrieb z. B. in Innenstädten möglich. Typisch für HEV ist der Verbau eines Hochvoltspeichers (HV-Speicher oder HV-Batterie) mit deutlich höheren Spannungslagen.

Plug-in Hybride (PHEV) erweitern die elektrische Komponente des Antriebs um einen Hochvoltspeicher mit größerer Kapazität für mehr elektrische Reichweite und um die Möglichkeit, den Speicher extern am Stromnetz zu laden. So kann ein PHEV im Kurzstreckenbetrieb prinzipiell komplett elektrisch und lokal emissionsfrei betrieben werden. Für weitere Fahrstrecken steht aber nach wie vor eine vollwertige VKM zur Verfügung. Der elektrische Antrieb beschränkt sich in diesem Betriebsmodus dann auf lastabhängige Rekuperation und Boosten.

Hybride mit Range Extender (REEV) verschieben den Fokus zwischen VKM und EM weiter in Richtung elektrischer Antrieb. Der Verbrennungsmotor ist hier nur noch für den generatorischen Betrieb und das Aufladen des HV-Speichers zuständig, der Fahrbetrieb erfolgt ausschließlich durch den Traktionselektroantrieb. REEV gleichen in ihrem Aufbau sehr stark BEV, verschieben aber deren aktuelle Anwendungsspektren trotz begrenzter Batteriekapazität weg von Kurzstreckenmobilität hin zu höheren Reichweiten. REEV versuchen damit die Schwächen vieler aktueller BEV – begrenzte Reichweite aufgrund beschränkter Batteriekapazität und lange Nachladezeit – zu kompensieren. In Anbetracht der Entwicklung elektrischer Reichweiten von BEV (Abb. 4.6) scheint die Bedeutung von REEV zukünftig abzunehmen.

Batterieelektrische Fahrzeuge (BEV) besitzen keine VKM mehr. Ihr Hochvoltspeicher wird am externen Stromnetz mit Wechsel- oder Gleichstrom aufgeladen und sie verfügen nur noch über Traktionselektromaschinen. In der Vergangenheit waren sie aufgrund beschränkter Batteriekapazitäten meist auf Kurz- und Mittelstreckenmobilität begrenzt, aktuell und zukünftig kommen im Zuge der Weiterentwicklung der Zellkapazitäten zunehmend auch langstreckentaugliche BEV mit Reichweiten von über 400 km auf den Markt.

Einen Sonderfall stellen Brennstoffzellenfahrzeuge (FCEV) dar. Die elektrische Energie für die Elektromaschinen des Fahrantriebs wird in einer Brennstoffzelle aus Wasserstoff erzeugt. Die Speicherung des Wasserstoffs an Bord erfolgt in Tanks bei hohem Druck oder tiefer Temperatur. Durch den schnelleren Tankvorgang und die größere Reichweite im Vergleich zum Laden der Batterie eines BEV stellen FCEV eine zukünftige Alternative speziell für Mittel- und Langstreckenmobilität dar. Da der HV-Speicher vorrangig nur die Funktion eines betriebsstrategieangepassten elektrischen Energiepuffers übernimmt, ist seine elektrische Kapazität ähnlich wie

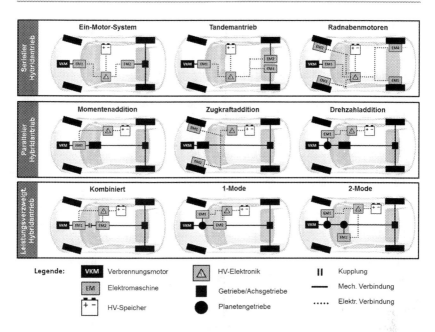

Abb. 3.10 Verschiedene Strukturen von Hybridantrieben. (Adaptiert nach [HOF14]; mit freundlicher Genehmigung von © Springer-Verlag Wien 2014. All Rights Reserved)

bei HEV und PHEV relativ klein dimensioniert. Besitzt ein FCEV keine externe Lademöglichkeit, so wird es z. T. nicht als Elektrofahrzeug eingeordnet [BMU13], obwohl der Fahrantrieb nur über Elektromotoren stattfindet.

Neben dem Grad der Elektrifizierung können komplexere Hybrid-Antriebsstrangarchitekturen elektrifizierter Fahrzeuge auch noch nach den Grundstrukturen des Energieflusses und der Aufteilung der mechanischen und elektrischen Verbindungen im Antrieb unterteilt werden (Abb. 3.10). So sind in der praktischen Umsetzung zahlreiche serielle, parallele und leistungsverzweigte Strukturen von Antriebssträngen bekannt.

3.2.3 Komponenten elektrifizierter Fahrzeuge

Im Vergleich zu Fahrzeugen mit konventionellem Antrieb besitzen elektrifizierte Fahrzeuge teilweise abweichende bzw. zusätzliche Komponenten. Abhängig vom Grad der Elektrifizierung (siehe Tab. 3.2) und der Antriebsstrangarchitektur (siehe Abb. 3.10) können sich die verbauten Komponenten in Größe, Aufbau und technischem Konzept z. T. deutlich unterscheiden. Aus diesem Grund kann hier nur eine kurze, exemplarische Darstellung der wichtigsten Komponenten im Antriebsstrang gegeben werden. Beginnend ab einem MHEV besitzen elektrifizierte Fahrzeuge ein elektrisches Bordnetz mit höherer Spannungslage (HV-System) für die Energieversorgung der Traktionselektromotoren (Abb. 3.11). Dieses beinhaltet u. a.

- Hochvoltspeicher (HV-Speicher oder HV-Batterie) inkl. Batteriemanagementsystem, Anschlussbox (BJB) und Kühlsystem,
- Leistungselektronik zur Ansteuerung der Elektromaschinen,
- Elektromaschinen mit Getriebe (ein- oder mehrstufig),
- Ladeelektronik inkl. Ladekabel,
- Spannungswandler (DC/DC-Wandler) als Verbindung zwischen HV- und NV-System und
- elektrifizierte Nebenaggregate wie elektrische Lenkunterstützung, elektrischer Klimakompressor und HV-PTC zur Heizung.

Bei Hybridfahrzeugen wie MHEV, HEV, PHEV oder REEV bleiben natürlich die Komponenten eines konventionellen Fahrzeugs weiterhin bestehen:

- Verbrennungsmotor (VKM) inkl. Sensoren, Aktuatoren und Motormanagement,
- Getriebe (verschiedenste Bauarten je nach Antriebsstrangarchitektur, z. B. Doppelkupplungsgetriebe, Stufenautomat, stufenloses Getriebe, Planetensatz-Reduzier-/Summier-Getriebe),
- Kraftstofftank für Otto- oder Dieselkraftstoff inkl. Leitungen und Pumpe und
- Wärmeübertrager für Kühlmittel, Öl und/oder Ladeluft.

Abhängig vom Antriebsstrang und dem Grad der Elektrifizierung benötigen der Verbrennungsmotor und seine Peripherie jedoch mehr oder weniger starke Veränderungen und Anpassungen an die spezifischen Einbau- und Betriebsbedingungen [TSC15].

Lastpunktanhebung und starke Aufladung (Downsizing) können beim Verbrennungsmotor teilweise erst durch die zusätzliche elektrische Antriebsunterstützung (Boosten) vollständig umgesetzt werden und sorgen so für hohe motorische Effizienz bei unverändert gutem oder sogar besserem Ansprechverhalten. Das erhöhte elektrische Drehmoment bei niedrigen Drehzahlen lässt längere Getriebeübersetzungen zu (Downspeeding) und eine Start-/Stopp-Funktion zur Deaktivierung der VKM auch im Fahrbetrieb (Segeln) ist relativ leicht umsetzbar.

Abb. 3.11 Komponenten im Antriebsstrang eines BEV (oben) und Explosionsdarstellung der Elektroantriebsmaschinen (unten) am Beispiel des Audi R8 e-tron. (Aus [AUD17a]; mit freundlicher Genehmigung von © AUDI AG 2017. All Rights Reserved)

Je nach Hybridkonzept kann auch das Brennverfahren des Verbrennungsmotors speziell an den elektrifizierten Antriebsstrang angepasst werden. Atkinson- oder Miller-Zyklus sowie die Realisierung von Variabilitätsmaßnahmen in Kurbel- und Ventiltrieb können dazu beitragen, die motorische Effizienz der VKM in elektrifizierten Fahrzeugen zu erhöhen – bei gleichzeitiger Senkung der Abgasemissionen

[HOF14]. Abb. 3.12 zeigt die Anordnung einiger Komponenten im Antriebsstrang eines PHEV mit Dieselmotor und paralleler Hybridstruktur mit Momentenaddition in einem 8-Stufen-Automatikgetriebe mit integrierter Elektromaschine. Mit zunehmendem Grad der Elektrifizierung vom MHEV hin zum PHEV nimmt also häufig die Komplexität des mechanischen Antriebs inkl. Verbrennungsmotor nicht ab, sondern eher zu, da in der Gesamtarchitektur zwei unterschiedliche Antriebskonzepte integriert und symbiotisch kombiniert werden müssen. Variabilitäten in der Motormechanik erschließen Effizienzpotenziale, eine verbesserte Regelbarkeit der VKM optimiert das Verbrauchs- und Emissionsverhalten. Dies alles wird nur möglich durch eine erhöhte Anzahl an Sensoren und Aktuatoren im Umfeld des Verbrennungsmotors.

Um die im Vergleich zum konventionellen Antrieb zusätzlichen elektrischen Antriebskomponenten im begrenzten Bauraum des Gesamtfahrzeugs ohne kundenseitige Einbußen unterbringen zu können, ist eine sowohl karosserie- als auch motorseitige Adaption der Bauteile nötig. Durch den Anbau von Elektromaschine, Leistungselektronik oder elektrifizierten Nebenaggregaten an den

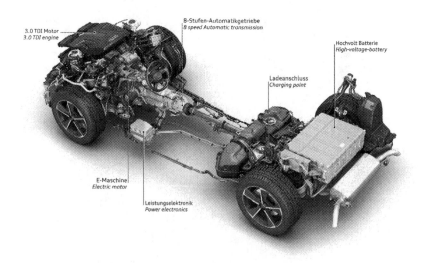

Abb. 3.12 Komponenten im Antriebsstrang eines PHEV am Beispiel des Audi Q7 e-tron. (Aus [AUD17a]; mit freundlicher Genehmigung von © AUDI AG 2017. All Rights Reserved)

Verbrennungsmotor bzw. das Getriebe werden natürlich auch diese Komponenten den Schwingungen, Temperaturen und Umweltbedingungen einer VKM ausgesetzt. Bei der Auslegung ist dies zu berücksichtigen.

Erst beim vollelektrifizierten Antrieb eines BEV ohne VKM reduzieren sich die Komplexität des Antriebs und die Belastung von Komponenten durch Schwingungen und Umwelteinflüsse. Auf der anderen Seite nehmen bei BEV aber auch die notwendige Größe und Masse des HV-Speichers – unter Berücksichtigung aktueller Zelltechnologien und den dadurch bedingten volumetrischen und gravimetrischen Energiedichten – deutlich zu, sodass dessen Integration ins Fahrzeug und die zwischen Speicher und Fahrzeug wirkenden Lastbeziehungen eines besonderen Augenmerks bedürfen.

3.3   Multilevel-Ansätze

Multilevel- oder Multiskalen-Ansätze beschreiben allgemein physikalisch-technische Vorgänge oder Prozesse auf mehreren verschiedenen Ebenen oder Skalen. Die Skalen können dabei vorrangig räumlich, jedoch vereinzelt auch zeitlich gesehen werden [JOH10]. Die Entwicklung solcher Ansätze ist getrieben durch den Wunsch, größere Strukturen auf Makroebene bei vertretbarem technologischem Aufwand zu untersuchen, ohne jedoch den wechselseitigen Einfluss mit der kleinskaligen Mikrostruktur durch zu starke Vereinfachung zu vernachlässigen. Multilevel-Probleme liegen häufig bei hierarchisch aufgebauten Systemen vor und haben ihren Ursprung in der Material- und Werkstoffentwicklung. Grundlegende Prinzipien lassen sich aber auch auf andere technische und naturwissenschaftliche Fachgebiete übertragen. So spielen sie ebenso im Bereich der Protein-Faltung oder bei der Simulation von Sternatmosphären eine Rolle [JOH10]. Auch bei der Modellierung von Produktionsprozessen finden Multiskalen-Simulationen inzwischen eine Anwendung [SCH17].

Multilevel-Ansätze teilen den Betrachtungsraum der Fragestellung üblicherweise von Mikro- bis Makroebene in mehrere Ebenen auf. Die Mikroebene beschreibt die kleinskalige Detailbetrachtung, während die Makroebene den Blick auf die Bauteil- oder Gesamtprozessebene lenkt. Dazwischen liegt je nach Anwendungsfall die Mesoebene, die die Verbindung hinsichtlich Eigenschaften der Ebenen herstellt und z. B. dazwischenliegende, hierarchische Strukturen beschreibt. Gerade in Multilevel-Ansätzen der Materialentwicklung wird teilweise auch noch eine Nanoebene unterhalb der Mikroebene definiert, um eine sinnvolle thematische Spreizung der Ebenen zu erhalten.

3.3.1   Multilevel-Simulation in der Materialentwicklung

In der Materialwissenschaft ist es heute möglich, viele Werkstoffeigenschaften bereits ohne reale Versuche durch numerische Simulationen zu bestimmen [JOH10]. Dabei kommen quantenmechanische Methoden zur Anwendung. Durch die Dichtefunktionaltheorie (DFT) kann ein Werkstoff z. B. auf atomarer Ebene beschrieben und es können grundlegende Werkstoffeigenschaften abgeleitet werden [KOC01]. Theoretisch sollte es damit möglich sein, die Eigenschaften eines makroskopischen Bauteils rechnerisch vollständig zu beschreiben, in der Praxis ist dies jedoch nicht umsetzbar. Zum einen sind derartige Berechnungen sehr aufwändig und der numerische Aufwand beschränkt die Simulationen aktuell auf relativ kleine Systeme von wenigen hundert Atomen. Zum anderen werden die realen Bauteileigenschaften aber auch wesentlich durch mikro- und mesoskopische Strukturen im Werkstoff beeinflusst. Dies können z. B. bei metallischen Bauteilen Kristallite, Korngrenzen, Poren, Lunker oder Mikrorisse und -kerben mit Ausdehnungen von einigen hundert Nanometern bis in den Mikrometerbereich hinein sein [JOH10]. Zur realistischen Beschreibung der makroskopischen Bauteileigenschaften ist also das Zusammenspiel aller räumlichen Ebenen über viele Größenordnungen hinweg notwendig (Abb. 3.13).

Die größte Herausforderung bei der Multilevel-Simulation von Werkstoffen ist die Kopplung der verschiedenen Modellierungsansätze der unterschiedlichen

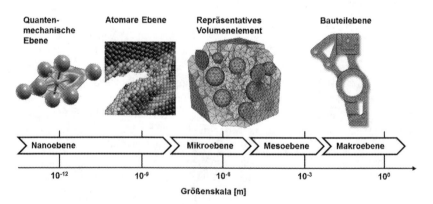

Abb. 3.13 Exemplarische Darstellung der Größenordnungen verschiedener Ebenen in der Multilevel-Simulation der Materialentwicklung. (Bilder links und Mitte links adaptiert nach [ECH16]; mit freundlicher Genehmigung von © SKF 2016. All Rights Reserved. Bilder rechts und Mitte rechts adaptiert nach [A_DOE08a])

Ebenen. Während auf der Mikro- oder Nanoebene z. B. die DFT im atoma-
ren Maßstab Anwendung findet, kommt auf der Meso- und Makroebene häufig
die Finite-Elemente-Methode (FEM) zum Einsatz. Mittels Einheitszellen (UCA)
bzw. repräsentativen Volumenelementen (RVE) lassen sich hierarchische Werk-
stoffstrukturen im Mesomaßstab repräsentativ hinsichtlich ihrer Eigenschaften
abbilden. Symmetriebedingungen, Kopplungsmethoden und die Auswahl statistisch repräsentativer Volumina gelten hierbei als Herausforderungen. Die
Kopplung der Ebenen selbst kann sequenziell oder parallel behandelt werden, je
nachdem, ob die Ebenen uni- oder bidirektional in der Simulation verbunden sind.
Werkstoffeigenschaften als Simulationsergebnis einer tieferen Ebene werden häufig homogenisiert und als Eigenschaft der nächsthöheren Ebene übergeben. Zur
Homogenisierung stehen mikromechanische, numerische und mathematische
Methoden zur Verfügung [SAN13]. Ein Beispiel für die Multilevel-Simulation
von Werkstoffen ist die detaillierte Modellierung von Verbundwerkstoffen und
die Ableitung mechanischer Eigenschaften für die Simulation auf Bauteilebene.
Abb. 3.14 zeigt ein repräsentatives Volumenelement einer mit Siliziumkarbid-
partikel verstärkten Magnesiumlegierung AZ91 für steifigkeitsoptimierte Bauteile
im Fahrzeugbau [A_DOE08, A_DOE08a].

Durch Berechnung der Werkstoffeigenschaften auf Mikro- bzw. Mesoebene in
einem frühen Stadium der Materialentwicklung und Übernahme der homogenisierten
Eigenschaften in eine das Material berücksichtigende Bauteiloptimierung ist es möglich, in einem integralen, multiskaligen Prozess Bauteile mit maßgeschneiderten
Eigenschaften zu entwerfen [A_BEC08].

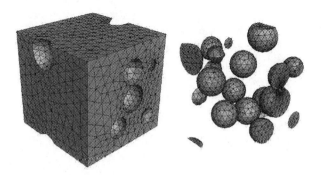

Abb. 3.14 Partikel (rechts) und Matrix (links) eines repräsentativen Volumenelements in
der Simulation einer partikelverstärkten Magnesiumlegierung. (Aus [A_DOE08a])

Multilevel-Simulationen in der Materialentwicklung besitzen z. B. auch im Betonbau bei der Optimierung bewehrter Tragstrukturen [LEP03], bei der prozessintegrierten Simulation von Bauteilen wie Getriebewellen mit Fertigung durch Massivumformung [BER13] oder bei der Entwicklung von Brennstoffzellen [JIA09, KVE12] eine wachsende Bedeutung.

Bei Bauteilen elektrifizierter Antriebsstränge kommt die Multilevel-Simulation mit Fokus auf Materialentwicklung aktuell insbesondere bei der Modellierung von elektrochemischen Prozessen in HV-Speicherzellen auf Lithium-Ionen-Basis zum Einsatz [ZHA09, OHL16].

3.3.2 Multilevel-Prinzip in der Festigkeitsanalyse von Fahrzeugen

Der Aufbau technischer Konstruktionen, bestehend aus einzelnen Komponenten, kleineren und größeren Baugruppen bis hin zum gesamten Produkt, weist hinsichtlich hierarchischem Aufbau grundlegende Parallelen z. B. zur Struktur vieler Werkstoffe oder zur Prozessbeschreibung eines Produktionsablaufs auf. Auch hier sind kleinere Einheiten auf niedrigeren Ebenen hierarchisch zu einem großen Gesamtgebilde verknüpft, auch hier gibt es zwischen den Mikro-, Meso- und Makroebenen eine gegenseitige Beeinflussung und Kommunikation und auch hier macht die Komplexität der Zusammenhänge und des Aufbaus zum einen eine Detailbetrachtung der gesamten Struktur, zum anderen aber auch eine zu starke Vereinfachung aller Vorgänge nur auf der obersten Ebene oft nicht möglich. Speziell im Fahrzeugbau wird daher meist eine Betrachtung des Gesamtfahrzeugs auf Makroebene mit vereinfachten Baugruppenmodellen angewendet. Die Baugruppen wie Antrieb, Fahrwerk oder auch Karosserie stellen abstrahiert die Mesoebene dar und beeinflussen durch ihre Eigenschaften das Gesamtfahrzeug auf Gebieten wie Fahrverhalten, Akustik, Fahrleistungen, Komfort, Energieverbrauch oder auch Betriebsfestigkeit. Im Entwicklungsprozess werden die Baugruppen oft separat entwickelt, eine Verbindung untereinander findet dabei über klar definierte Schnittstellen, Lastenhefte und Eigenschaftsforderungen statt. Auf der Makroebene definieren die Baugruppen so das Fahrzeug und seine Eigenschaften aus Kundensicht. Aber auch die einzelnen Bauteile beeinflussen wiederum durch ihr Zusammenwirken die Funktion einer Baugruppe, sodass hier vom Übergang zwischen Mikro- und Mesoebene gesprochen werden kann. Der Entwicklungsprozess eines technischen Produkts, wie z. B. eines Fahrzeugs, folgt also auch einer Art von Multilevel-Prinzip.

Mit Fokus auf die Betriebsfestigkeitsabsicherung von Fahrzeugen ist ein Multilevel-Ansatz über verschiedene Ebenen hinweg z. B. bei Fahrzeugkarosserien und der in ihnen verbauten Verbindungs- bzw. Fügetechnik üblich. Gerade beim Multimaterialmix heutiger Karosserien aus verschiedenen metallischen Werkstoffen und Polymeren finden unterschiedliche Fügeverfahren von Löt- und Schweißverbindungen über Klebeverbindungen bis hin zu formschlüssigen Verbindungen ihre Anwendung. In der virtuellen und experimentellen Analyse von der Vorentwicklung bis hin zur Serienabsicherung darf dabei nie nur der Fokus auf das Gesamtfahrzeug der Makroebene gelegt werden. Die Ausführung der Verbindung im Detail beeinflusst die Eigenschaften der darüberliegenden Ebenen deutlich und eine präzise Analyse der Mikroebene verbessert die Vorhersage der Gesamteigenschaften. Durch FEM-Simulationen und Grundlagenversuche an einem einzelnen Verbindungselement, wie z. B. einem Schweißpunkt, können dessen Eigenschaften auf Mikroebene analysiert, validiert und vorhergesagt werden. Die Homogenisierung der Eigenschaften, wie z. B. der Steifigkeit oder der Festigkeit, führt dann in der FEM zu einer vereinfachten Modellierung mittels Superelementen oder zu Co-Simulationen mit Submodellansätzen. Superelemente oder Submodelle bilden auf einer höheren Ebene das Verhalten des Verbindungselements hinsichtlich der zu analysierenden Eigenschaften näherungsweise ab. Bei reduziertem Berechnungsaufwand wird durch diese Form der Multilevel-Simulation die Festigkeitsbeurteilung der gesamten Fahrzeugkarosserie ermöglicht (Abb. 3.15).

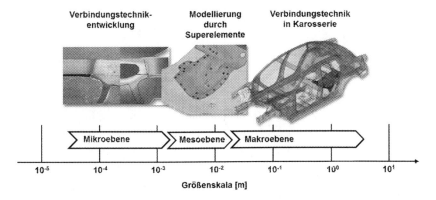

Abb. 3.15 Exemplarische Darstellung der Größenordnungen verschiedener Ebenen in der Multilevel-Simulation der Betriebsfestigkeitsanalyse bei Verbindungstechnik in Fahrzeugkarosserien. (Mit freundlicher Genehmigung von © AUDI AG 2017. All Rights Reserved)

Konzept zur Betriebsfestigkeitsanalyse von Hochvoltspeichern 4

In diesem Kapitel wird die Entwicklung und Anwendung von Multilevel-Ansätzen zur Betriebsfestigkeitsanalyse von Hochvoltspeichern erläutert. Hochvoltspeicher gehören sicher zu den augenscheinlichsten Unterscheidungsmerkmalen in den Komponenten elektrifizierter Fahrzeuge gegenüber Fahrzeugen mit konventionellem Antrieb über Verbrennungsmotoren (siehe Abschn. 3.2.3). Die in dieser Arbeit vorgestellten Ergebnisse und Erkenntnisse basieren auf eigenen mehrjährigen Untersuchungen an Praxisbeispielen und wurden teilweise bereits veröffentlicht [A_DOE13, A_DOE14]. Da Kap. 4 eine Zusammenfassung und Erweiterung dieser eigenen Publikationen darstellt, wird auf deren Angabe als Literaturquellen im weiteren Verlauf verzichtet. Eine Patentanmeldung zu einem Anbindungssystem für eine Traktionsbatterie eines Kraftfahrzeugs wurde eingereicht [A_DOE16a].

4.1 Hochvoltspeicher als integraler Bestandteil des elektrifizierten Fahrzeugs

Hochvoltspeicher stellen in Fahrzeugen mit elektrifiziertem Antriebsstrang karosseriefeste Anbauteile dar, deren Massen, Abmessungen sowie Einbausituationen fahrzeugspezifisch stark variieren und sich gerade bei BEV deutlich von anderen Anbauteilen abgrenzen können (Abb. 4.1).

Mehr noch als bei konventionellen, karosseriefesten Anbauteilen wie Kraftstofftanks oder Motor-Getriebe-Einheiten kann es bei Hochvoltspeichern in elektrifizierten Fahrzeugen durch starre Anbindungen und große Massen zu Änderungen der Gesamtfahrzeugsteifigkeit und zu dynamischen Effekten kommen. Im Gegensatz zu Motor-Getriebe-Einheiten, die von der Masse her mittleren

© Springer-Verlag GmbH Deutschland, ein Teil von Springer Nature 2019
A. Dörnhöfer, *Betriebsfestigkeitsanalyse elektrifizierter Fahrzeuge*,
https://doi.org/10.1007/978-3-662-58877-2_4

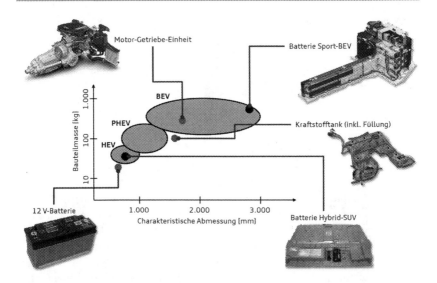

Abb. 4.1 Bauteilmassen und Abmessungen karosseriefester Anbauteile. (Konzept adaptiert nach [A_DOE13]; mit freundlicher Genehmigung von © DVM Berlin 2013. All Rights Reserved. Bilder oben links und rechts adaptiert nach [AUD17a]; mit freundlicher Genehmigung von © AUDI AG 2017. All Rights Reserved)

Hochvoltspeichern noch durchaus ebenbürtig sind, werden Batterien im Üblichen nicht über Elastomer- oder Hydrolager schwingungstechnisch entkoppelt, sondern starr mit der Karosserie verbunden. Dynamische Effekte sind dadurch z. B. bei Hochvoltspeichern in BEV, deren Masse über 700 kg und damit mehr als ein Drittel des Fahrzeuggewichts betragen kann, nicht mehr lokal begrenzt. Es entsteht eine globale Wechselwirkung mit der Karosserie und derartige Hochvoltspeicher dürfen auf Systemebene nicht mehr als Anbauteile im engeren Sinne gesehen werden, sondern müssen in der Betriebsfestigkeit im Gesamtverbund mit der Karosserie Beachtung finden.

Eine Abschätzung des globalen Effekts der Fahrzeugintegration auf den Hochvoltspeicher kann über die Einbausituation und die Größe des Speichers getroffen werden (Abb. 4.2). Kleinere und mittlere Hochvoltspeicher in MHEV, HEV oder PHEV besitzen meist nur lokale Anbindungen an das Fahrzeug (Situationen S1 und S2). Die Vibrationsbelastung an allen Anbindungsstellen ist durch den geringen räumlichen Abstand vergleichbar. Der Steifigkeitseinfluss der Karosserie zwischen den dicht beieinanderliegenden Anbindungsstellen kann oft vernachlässigt werden und es kommt zu keiner großen Wechselwirkung bzw. gegenseitigen

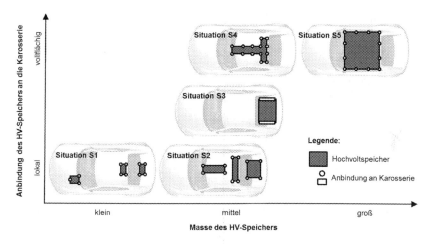

Abb. 4.2 Einbausituationen von Hochvoltspeichern in elektrifizierten Fahrzeugen

Lastbeeinflussung. Hochvoltspeicher der Situationen S1 oder S2 verhalten sich eher wie „klassische" karosseriefeste Anbauteile und können analog zu diesen hinsichtlich Betriebsfestigkeit isoliert betrachtet werden.

Bei Speichern in Einbausituation S3 liegt eine linien- oder flächenartige Anbindung zwischen Batterie und Karosserie vor. Oft bei PHEV oder kleineren BEV eingesetzt, besitzt die Steifigkeit der Karosserie entlang der Anbindung bereits eine größere Bedeutung für diese Batterien. Es kann zu globalen Lasteinträgen aus der Karosserie in den HV-Speicher kommen und eine Wechselwirkung zwischen beiden Komponenten ist sehr wahrscheinlich. Hochvoltspeicher der Situationen S4 und S5 haben eine große räumliche Ausdehnung und sind daher auch an vielen Anbindungsstellen mit der Karosserie verbunden. Die Vibrationsanregungen in den Speicher werden sich daher zwischen den Anbindungsstellen unterscheiden, globale Verformungen der Karosserie haben einen großen Einfluss auf das Batteriesystem und eine Wechselwirkung Batterie-Karosserie liegt vor. Beide dürfen nicht mehr separiert betrachtet werden.

Je nach Auslegung können Hochvoltspeicher der Einbausituationen S3, S4 und S5 sogar zur tragenden Struktur des Fahrzeugs gehören. Die dann für Belastungen außerhalb der Betriebsfestigkeit noch notwendigen Auslegungen, z. B. für Steifigkeit, Fahrzeugsicherheit oder NVH, werden an dieser Stelle nicht behandelt.

Die im Rahmen dieser Arbeit vorgestellten Multilevel-Ansätze und die dazu gehörenden Überlegungen können prinzipiell für die Betriebsfestigkeitsabsicherung aller Arten von Hochvoltspeichern angewendet werden. Im Fokus liegen aber aufgrund der vielfältigen Rückwirkungen zwischen den Systemebenen insbesondere größere HV-Speicher der Einbausituationen S3, S4 und S5 (Abb. 4.2), die in PHEV, REEV oder BEV Verwendung finden.

4.2   Modularer Aufbau von Hochvoltspeichern

Bereits seit einigen Jahren verfügen die meisten Hochvoltspeicher als Traktionsbatterien für elektrifizierte Fahrzeuge über einen modularen Aufbau [KEL09, KOE13]. Im Allgemeinen lässt sich die Struktur auf vier geometrische Ebenen untergliedern. Es handelt sich hierbei also um eine geometrische Multilevel-Struktur (siehe Abschn. 3.3). Die Ebenen im Aufbau korrespondieren dabei auch mit den Ebenen des Multilevel-Ansatzes zur Absicherung der Hochvoltspeicher (siehe Abschn. 4.7).

- **Zelle:** Sie ist die kleinste Baueinheit einer Hochvoltbatterie und als elektrochemischer Speicher aus Anode, Kathode, Elektrolyt und Zellhülle aufgebaut. Aktuell kommen in Automobilanwendungen die Bauformen Rund-, Pouch- und prismatische Zelle zum Einsatz [ECK13, WOE13]. Der gewählte Zelltyp hat signifikante Auswirkungen auf die Bauweise der übergeordneten Module, Kühlsysteme und Tragstrukturen und damit auch auf die, aus Sicht der Betriebsfestigkeit, kritischen Stellen.
- **Modul:** Das aus mehreren identischen Zellen aufgebaute Modul verfügt bereits über eine mechanische Tragstruktur, um die Zellen zu fixieren und ggf. zu verspannen, sowie über die elektrische Kontaktierung innerhalb des Moduls. Je nach Bauweise können auch Kühleinrichtungen (Kühlplatten, Anschlüsse), Elektronikbauteile [MAR13] sowie die Verbindungstechnik zum Batteriesystem integriert sein.
- **Batteriesystem:** Mehrere Module werden dann in einem Batteriesystem integriert. Dem Gesamtsystem werden auch die komplette Tragstruktur außerhalb der Module, alle elektrischen, hydraulischen und mechanischen Schnittstellen zum Fahrzeug, die Batteriehülle sowie elektrische und elektronische Komponenten wie Batteriesteuergeräte oder Schütze [FAU13] zugerechnet.
- **Gesamtfahrzeug:** Der Hochvoltspeicher ist in der Fahrzeugkarosserie integriert. Je nach Größe und Einbausituation (Abb. 4.2) geht das Batteriesystem Interaktionen mit dem Fahrzeug ein.

Die einzelnen geometrischen Ebenen besitzen über ihre Schnittstellen untereinander gegenseitige Wechselwirkungen (Abb. 4.3). In der Systemperspektive sind dies die physikalischen Verbindungen und Wechselwirkungen innerhalb des Multilevel-Ansatzes. Aus Betriebsfestigkeitssicht können konkret insbesondere die mechanischen Verbindungen zwischen Zelle und Modul, zwischen Modul und Batteriesystem sowie zwischen Batteriesystem und Fahrzeugkarosserie genannt werden. Steifigkeiten und Massen der Bauteile besitzen Einflüsse bei statischer, zyklischer und dynamischer Belastung. Dämpfungen in Fügestellen spielen gerade bei Systemen aus sehr vielen geschraubten, gesteckten und geklemmten Teilen eine große Rolle. Über die Schnittstellen können Lasten vom Inneren auf das System (z. B. Massenkräfte) oder aber auch in der anderen Richtung vom System auf das Innere (z. B. globale Verformungen aus dem Gesamtfahrzeug) geleitet werden.

Die Belastungen auf Bauteile niedrigerer Ebenen müssen in einem Modulkonzept als Einhüllende über alle möglichen Einbausituationen verstanden werden. Eine fundierte Ableitung von Prüflasten ist daher sehr wichtig.

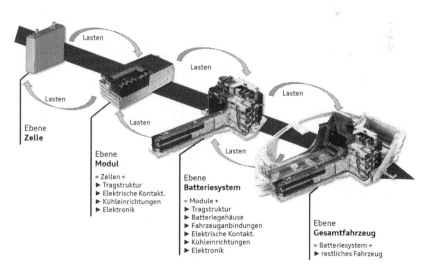

Abb. 4.3 Modularer Aufbau eines Hochvoltspeichers im Fahrzeug. (Bilder adaptiert nach [AUD17a]; mit freundlicher Genehmigung von © AUDI AG 2017. All Rights Reserved)

4.3   Belastungen auf Hochvoltspeicher im Fahrbetrieb

Die für den Betriebsfestigkeitsnachweis relevanten Belastungen ergeben sich aus den Anforderungen des jeweiligen Gesamtfahrzeugs. Dies kann als Globalforderung die Übernahme der für Großserienprojekte häufig zugrunde gelegten Anforderungen (300.000 km Kundenbetrieb für sicherheitskritische Bauteile unter bestimmten statistischen Randbedingungen) bedeuten. Da es sich bei elektrifizierten Fahrzeugen teilweise um Fahrzeuge mit spezifischem Einsatzcharakter handelt (z. B. BEV als Stadtfahrzeug, für Kurz- und Mittelstreckenbetrieb), ist auszuloten, inwieweit hierfür spezifisch angepasste, globale Auslegungsziele für Betriebsfestigkeit möglich bzw. sinnvoll sind.

Die mechanischen Anforderungen sind im Hinblick auf Betriebsfestigkeit sowie auf Fahrzeugsicherheit (Crash) zu betrachten. Bei Crash-Anforderungen wird oft versucht, durch das Package (wie die konstruktive Gestaltung der Einbindung von Hochvoltspeichern in die Fahrzeugstruktur) zu erreichen, dass die Relevanz von Crash-Lastfällen auf den Hochvoltspeicher gering bleibt. Eindringen von Komponenten in die Zellstruktur und mechanische Belastungen auf die Zellebene, die in Deformationen und Aufreißen der Zellhüllen resultieren würde, können durch spezifische Tests wie Zellintrusion, Crush-Tests (Pfahlaufprall) und Schocks abgesichert werden [REN13, RUP13]. Obwohl derartige Missbrauchs- und Crashlastfälle und deren Belastungen auf Hochvoltspeicher normalerweise konstruktiv vermieden werden sollten, kann eine integrierte Anordnung von Fahrzeug- und Batteriestruktur gleichwohl auch durchaus Vorteile bieten. Sie stellt jedoch erhöhte Anforderungen an die integrierte (gleichzeitige) Entwicklung der beiden Baugruppen Hochvoltspeicher und Karosseriestruktur, nicht zuletzt bezüglich des Managements der beteiligten Entwicklungsdisziplinen. Crash- und Betriebsfestigkeitsauslegung müssen auch nicht immer zwangsläufig in die gleiche Richtung zielen, teilweise sind die divergierenden Anforderungen an die konstruktive Gestaltung des Hochvoltspeichers abzugleichen und gemeinsame technische Lösungen zu finden [JAN13].

Mechanische Belastungen aus dem Fahrbetrieb werden bei Hochvoltspeichern durch elektrisch-funktionale Belastungen ergänzt. Diese ergeben sich aus den Lade- und Temperaturzyklen, die für elektrifizierte Fahrzeuge mit unterschiedlichem Grad der Elektrifizierung (HEV über PHEV bis BEV, siehe Abschn. 3.2.2) in Abhängigkeit von der Betriebs- und Regelstrategie sehr unterschiedlich ausfallen können. Die Aufgabe hierbei ist es, ähnlich wie bei mechanischen Belastungen im Fahrbetrieb, tragfähige, statistisch begründete Kundenfahrprofile mit den resultierenden Lade-, Entlade- und Temperaturzyklen zu definieren, die die Grundlage für alle hiermit verbundenen Fragen der elektrischen Auslegung bis hin zur Gewährleistung bilden können. Dieser Aspekt wird im Rahmen dieser Arbeit jedoch nicht weiter betrachtet.

Aufgrund der Abhängigkeit vom Ladezyklus sind bisher am Markt erhältliche BEV meist Fahrzeuge mit dem Fokus auf Kurz- und Mittelstreckenbetrieb, die im Nahfeld von Stadtgebieten unterwegs sind. Untersuchungen zum Nutzungsverhalten zeigen, dass bis zu einer Grenze von 40 bis 50 km die Nutzung (Streckenlänge, Häufigkeit etc.) von BEV und Fahrzeugen mit VKM relativ ähnlich ist [RUP13]. In einer Studie mit Fahrzeugen, die zum einen mit konventionellem Antriebsstrang mit VKM und zum anderen als REEV aufgebaut waren, wurde dies ebenfalls bestätigt [HEN12]. Mehr als 99 % der Fahrten lagen im Bereich < 50 km (Abb. 4.4). Fahrten mit aktivem Range-Extender-Betrieb machten beim REEV einen Anteil von unter 10 % aus.

Prämisse für ein derartiges Nutzungsverhalten ist die Verfügbarkeit einer Ladeinfrastruktur, z. B. in Form häuslicher und öffentlicher Ladestationen. Auch die Aufteilung auf Stadt, Überlandbetrieb und Autobahn in der Nutzung elektrifizierter Fahrzeuge kann aus diesen Studien abgeleitet und bisherigen Erkenntnissen gegenübergestellt werden.

Die Anwendung dieser Daten auf die Auslegung eines BEV als Kleinfahrzeug (häufig Zweitfahrzeug) könnte demnach wie folgt aussehen. Als Laufstreckenziel wird entsprechend dem Einsatzszenario z. B. eine reduzierte Forderung von 150.000 km festgelegt. Diese weicht von dem Laufstreckenziel Fahrzeuge mit VKM und konventionellem Antriebsstrang von 300.000 km ab. Basierend auf Statistiken aus verschiedenen Untersuchungen wird innerhalb des Laufstreckenziels eine Streckentypverteilung auf Autobahn-, Landstraßen- und Stadtanteile wie in Tab. 4.1 vorgenommen.

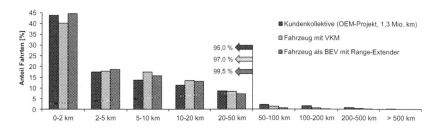

Abb. 4.4 Vergleich des Nutzungsverhaltens. (Aus [A_DOE13]; mit freundlicher Genehmigung von © DVM Berlin 2013. All Rights Reserved)

Tab. 4.1 Vergleich der prozentualen Laufstreckenziele und -anteile. (Aus [A_DOE13]; mit freundlicher Genehmigung von © DVM Berlin 2013. All Rights Reserved)

	Autobahn		Landstraße		Stadt		Summe
	Strecke [km]	Anteil [%]	Strecke [km]	Anteil [%]	Strecke [km]	Anteil [%]	Strecke [km]
VKM (nicht elektrifiziert)	120.000	41	100.000	33	80.000	26	300.000
BEV als Kleinwagen	30.000	20	50.000	33	70.000	47	150.000

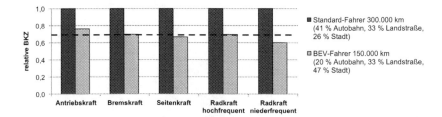

Abb. 4.5 Relative Belastungskennzahlen BKZ entsprechend der Streckentypverteilung (Vergleich von „Standard-Fahrer" in konventionellem Fahrzeug mit VKM und „BEV-Fahrer" in BEV als Kleinwagen). (Aus [A_DOE13]; mit freundlicher Genehmigung von © DVM Berlin 2013. All Rights Reserved)

    Mit diesen Festlegungen können aus dem Datenbestand für konventionelle Fahrzeuge für die verschiedenen Belastungsrichtungen und -ursachen Fahrzeugsummenforderungen für die Belastungsintensität abgeleitet werden, aus denen die Globalforderungen und Prüfprofile für den Betriebsfestigkeitsnachweis der Hochvoltspeicher zu bestimmen sind. Abb. 4.5 zeigt in einem Relativvergleich, dass wegen der verschiedenen Belastungen der Streckentypanteile die Forderungen für das Beispiel BEV als Kleinwagen im Mittel ca. 2/3 der Forderungen für konventionelle Fahrzeuge betragen, obwohl die Laufstreckenforderung für das BEV nur bei der Hälfte liegt. Die dargestellten relativen Belastungskennzahlen BKZ entsprechen den relativen rechnerischen Schädigungen, den typische Belastungskollektive bei einer exemplarischen Komponente des Fahrzeugs verursachen (siehe Schadensakkumulation, Abschn. 3.1.3).

Die Ableitung der Belastungen auf Hochvoltspeicher in elektrifizierten Fahrzeugen und die daraus folgenden Auslegungsforderungen können an dieser Stelle nur prinzipiell dargestellt werden. Je nach Fahrzeugklasse, Markt und Nutzungszielgruppe existieren spezifische Lasten und Forderungen. Aufgrund der aktuellen Einschränkungen bezüglich Reichweite und Ladezeit ergibt sich jedoch für elektrifizierte Fahrzeuge eine größere Bandbreite in der Nutzung als im Vergleich zu konventionellen Antrieben. Vereinfacht gesagt: einen Kleinwagen mit konventionellem Antrieb kann der Kunde leicht auch für fast ausschließlichen Autobahnbetrieb unter Volllast nutzen, bei einem BEV-Kleinwagen begrenzt ihn die eingeschränkte elektrische Reichweite deutlich stärker.

Die Reichweite von elektrifizierten Fahrzeugen mit Hybridantriebsstrang ist bereits heute der von konventionellen Fahrzeugen ebenbürtig. Die Reichweite von BEV wird Prognosen zufolge in den nächsten Jahren durch sinkende Kosten für Hochvoltspeicher und Fortschritte in der Zellkapazität deutlich ansteigen (Abb. 4.6). Damit dürften sich die Laufstreckenziele und -anteile sowie das Nutzungsverhalten zwischen elektrifizierten und konventionellen Fahrzeugen wieder annähern.

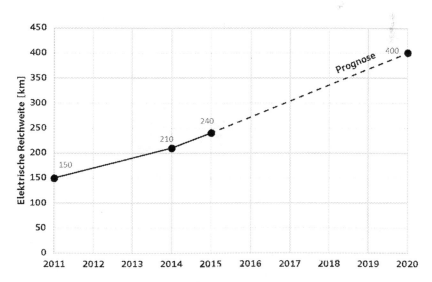

Abb. 4.6 Durchschnittliche elektrische Reichweite aller verkauften Elektroautos in den Jahren 2011 bis 2020 (Prognose). (Daten aus [STA17a])

4.4   Mechanische Beanspruchungen im Inneren des Hochvoltspeichers

Hochvoltspeicher sind bei ihrem Betrieb im Fahrzeug verschiedenen Belastungen ausgesetzt. So besitzen Lade- und Entladezyklen, Temperaturen und Umweltbedingungen eine Auswirkung auf die elektrische Funktion der Zellen und auf deren zeitliche Veränderung, die sog. Alterung [DEB15]. Missbrauchslastfälle und Crashereignisse können u. U. Intrusionen und Deformationen von Zellen bis hin zur Havarie bewirken. Für den Einsatz in elektrifizierten Fahrzeugen müssen Hochvoltspeicher daher umfassende Anforderungen an Gebrauchssicherheit und elektrische Sicherheit erfüllen [ISO09, ISO09a, ISO11a, ISO14].

Die o. g. Belastungen und Anforderungen an Hochvoltspeicher sind jedoch nicht Gegenstand dieser Arbeit. Im Folgenden werden vielmehr nur lokale und globale Belastungen betrachtet, die im Inneren eines Hochvoltspeichers zu mechanischen Beanspruchungen im Sinne der Betriebsfestigkeit führen (Abb. 4.7).

Es lassen sich unterteilen:

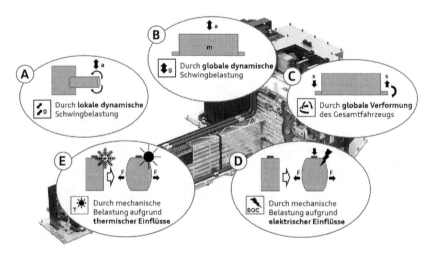

Abb. 4.7 Beanspruchungen im Inneren des Hochvoltspeichers aufgrund lokaler und globaler Belastungen. (Hintergrundbild adaptiert nach [AUD17a]; mit freundlicher Genehmigung von © AUDI AG 2017. All Rights Reserved)

A) **Beanspruchung durch lokale dynamische Schwingbelastung von Bauteilen im Inneren bzw. an Anbauteilen des Hochvoltspeichers.**
Durch eine Schwingung des Fahrzeugs/des Hochvoltspeichers werden kleinere Einzelteile angeregt und lokal beansprucht. Auswirkungen treten z. B. bei Stromschienen, Haltern, Kühlmittelleitungen oder elektrischen Bauteilen auf. Beeinflusst wird diese lokale Beanspruchung durch die Steifigkeiten/ Dämpfungen der Einzelteile, aber auch durch die der Gesamtbatterie und deren Anbindung ans Fahrzeug. Als Anregung fungieren meist Fahrbahnunebenheiten.

B) **Beanspruchung durch globale dynamische Schwingbelastung des Hochvoltspeichers auf Systemebene.**
Hier wird die gesamte träge Masse der Batterie durch Fahrbahnunebenheiten angeregt. Auswirkungen ergeben sich insbesondere auf die Tragstruktur der Batterie, kühlmittel führende Teile im Inneren sowie die Anbindungsstellen (Halter) zum Fahrzeug hin.

C) **Beanspruchung durch globale Verformungen des Gesamtfahrzeugs.**
Durch die endliche Steifigkeit der Karosserie kommt es zur Verbiegung und Torsion des Fahrzeugs [GOR13]. Eine Ursache ist die dynamische Straßenanregung, teils auch in Eigenfrequenzen von Karosserie und Fahrwerk. Eine andere Ursache liegt in der quasistatischen Lastaufbringung z. B. durch eine einseitige Bordsteinabfahrt begründet. Abhängig von der Einbausituation und der Batteriegröße kommt es zu Wechselwirkungen zwischen Karosserie und Hochvoltspeicher (siehe Abschn. 4.1). Je größer die Abmessungen des Hochvoltspeichers im Fahrzeug sind und je steifer er als tragendes Element eingebunden ist, desto größer können die Auswirkungen durch globale Verformungen sein.

D) **Beanspruchung durch mechanische Belastung aufgrund elektrischer Einflüsse.**
Je nach Zelltyp ist die Tragstruktur eines Moduls bereits im Montagezustand einer signifikanten statischen Belastung durch die axiale Verspannung des Zellstapels ausgesetzt. Durch Lade-/Entladezyklen und die dabei ablaufenden, elektrochemischen Prozesse im Zellinneren kommt es zu einem „Atmen" der Zellhülle. Die Folge ist eine veränderte Axialkraft auf die Tragstruktur. In Kombination mit Schwingbelastung könnte als Sekundäreffekt eine verringerte Axialkraft mit geringerer Zellklemmung auch zu einem Rutschen der Zellstapel untereinander führen. Der Einfluss des elektrischen Zellzustandes wie SOC und SOH auf das mechanische Schwingungsverhalten wurde von [VOL16a] eingehend untersucht. Dabei konnten keine klaren Tendenzen im Schwingungsverhalten aufgrund veränderter Lade- (SOC) und

Alterungszustände (SOH) beobachtet werden. Der Einfluss von Produktions- und Montagetoleranzen auf Modulebene erscheint hinsichtlich Schwingungs- verhalten dominant gegenüber dem elektrischen Zellzustand. Unabhängig davon können Betriebszyklen des Hochvoltspeichers jedoch einen Einfluss z. B. auf das Setzverhalten von Modulverschraubungen besitzen.

E) **Beanspruchung durch mechanische Belastung aufgrund thermischer Einflüsse.**
Neben dem auslegungsrelevanten Umgebungstemperaturbereich, der einen Betrieb des Fahrzeugs vom Kalt- bis zum Superheißland in allen relevanten Absatzmärkten weltweit abdecken sollte, müssen auch die Auswirkungen durch Erwärmung der Batterie selbst beim Laden und Entladen sowie die Funktionsweise des Kühlsystems berücksichtigt werden [DEB15]. Als kri- tischer Lastfall kann insbesondere die Erwärmung bei Schnellladevorgängen gesehen werden. Neben thermischen Verspannungen können auch Temperatur- unterschiede zu unter (D) beschriebenen Sekundäreffekten führen.

4.5   Anforderungen an ein Analysekonzept

Ein für die Analyse der Betriebsfestigkeit von Hochvoltspeichern geeignetes Kon- zept sollte alle in Abschn. 4.4 beschriebenen mechanischen Beanspruchungen in Bauteilen der Batterie bestmöglich berücksichtigen. Im Hinblick auf den modula- ren Aufbau von Hochvoltspeichern sind im Analysekonzept natürlich nicht nur das Gesamtfahrzeug oder komplette Batteriesysteme auf Systemebene (Abb. 4.3), son- dern auch z. B. die Wechselwirkungen auf Modul- und Zellebene zu berücksichtigen.

Wird ein Prüfverfahren für die Betriebsfestigkeitsanalyse von Hochvolt- speichern auf Systemebene, d. h. zur Bestimmung ihrer mechanischen Beanspruch- barkeit entwickelt, so ist es hinsichtlich folgender Fragestellungen zu analysieren und schließlich zu evaluieren:

- Welche mechanischen Beanspruchungen aus Abschn. 4.4, die über Lebensdauer vor Kunde auftreten können, werden abgeprüft?
- Liegt eine statistische Kombination der Beanspruchungen vor oder lassen sich gezielt Extremsituationen einstellen?
- Welches Risiko ergibt sich aus einer evtl. Nichtbeachtung von Beanspruchungen?
- Ist eine Lastüberhöhung zur Reduzierung der Prüflaufzeit möglich und zulässig (Sekundäreffekte, Nichtlinearitäten)?
- Können elektrisch-aktive Zellen im Test verwendet werden?
- Wie gut lassen sich Schäden während der Prüfung direkt bzw. indirekt detektieren (z. B. Detektion von Kühlmittellecks, Lösen von Verschraubungen)?

4.6 Stand der Technik: Prüfstände zur Beanspruchbarkeitsanalyse auf Systemebene

Derzeit existiert kein Verfahren zur Betriebsfestigkeitsanalyse von Hochvolt-speichern auf Systemebene, das alle in Abschn. 4.5 als Fragen formulierten Anforderungen in einer einzigen Prüfung beantwortet. Aktuell sind fahrzeugferne Prüfstände wie einaxiale Shaker und mehraxiale Schwingtische (MAST) im Einsatz, auf denen der Hochvoltspeicher als Batteriesystem außerhalb des Fahrzeugs in einer Prüfvorrichtung mechanischen Vibrationen ausgesetzt wird, und fahrzeugnahe Gesamtfahrzeugprüfstände, auf denen der Hochvoltspeicher, eingebaut in einem Fahrzeug oder einer Rohkarosserie, eine Schwingbelastung erfährt. Je nach Freiheitsgraden in der Anregung können für letztere Prüfungen z. B. Vierstempelanlagen (nur Vertikalanregung) oder Straßensimulatoren zur Anwendung kommen. Der größte Nachteil fahrzeugferner Prüfstände, auf denen der Hochvoltspeicher in einer Prüfvorrichtung montiert wird, ist die schwierige Nachbildung der Anbindungssteifigkeit zum Fahrzeug. Gerade bei Batteriesystemen der Einbausituationen S4 und S5 nach Abb. 4.2 haben die Gesamtsteifigkeit aus Batterie und Karosserie und deren gegenseitige Wechselwirkungen einen großen Einfluss auf das Verformungsverhalten des Hochvoltspeichers. Beanspruchungen nach (C) aus Abschn. 4.4 können im realen Fahrzeug durch Biegung und Torsion der Karosserie auftreten. Ein charakteristischer Gesamtfahrzeuglastfall ist das wechselseitige Schränken des Fahrwerks und der Karosserie.

Eigene Versuche haben ergeben, dass es auch bei rechnerischer Optimierung nicht möglich ist, die Steifigkeitssituation einer Fahrzeugkarosserie mit vielen weit auseinanderliegenden Batterieanbindungspunkten in einer fahrzeugfernen Prüfvorrichtung exakt nachzubilden (Einbausituationen S4 und S5, Abb. 4.2). Dies gilt für die globale Vorrichtungssteifigkeit, nicht jedoch für die lokalen Anbindungsverhältnisse insbesondere bei kleineren Bauformen von Hochvoltspeichern. Soll dann noch den begrenzten Platzverhältnissen auf einer Aufspannfläche bzw. einem Gleittisch des Shakers in einer Klimakammer Rechnung getragen werden, so stellt sich die Frage, welches Auslegungsziel für die Steifigkeit einer derartigen, fahrzeugfernen Prüfvorrichtung sinnvoll ist. Ein gegenüber dem Fahrzeug abweichendes Eigenfrequenzverhalten der Batterie in ihrer Vorrichtung kann in Verbindung mit einem aus Fahrzeugmessungen abgeleiteten Prüfprofil zu verzerrten Prüfergebnissen führen. So ist je nach Frequenzbereich nicht nur eine zu große, sondern auch eine zu geringe Prüflast möglich. Diese kann zu einer lokalen Unterdimensionierung des Hochvoltspeichers aus Betriebsfestigkeitssicht führen.

Prüfungen in Originalkarosserien auf Gesamtfahrzeugprüfständen begegnen diesem Problem, können aber nach dem heutigen Stand der Technik auch nicht alle anderen o. g. Fragestellungen zufriedenstellend beantworten. Da Hochvoltspeicher zu den sicherheitsrelevanten Teilen zählen und um Schwachstellen in ihrer Konstruktion frühzeitig detektieren zu können, müssen sie mit einer bestimmten Lastüberhöhung geprüft werden, siehe Abschn. 4.7.2. Beim Test in einer Originalkarosserie besteht die Gefahr, dass während der Prüfung Schäden an der Karosserie früher als am Hochvoltspeicher eintreten. In Anbetracht des Ziels, die Festigkeit des Hochvoltspeichers an sich zu ermitteln, erscheint dies nicht sinnvoll. Auch eine Überlagerung der Beanspruchungen mit denen infolge elektrischer Einflüsse (D) oder thermischer Einflüsse (E) ist fast nicht oder nur auf wenigen Prüfständen möglich. Elektrische Einflüsse über Lasten aus Laden/Entladen lassen sich nur auf Prüfständen erproben, die über ein geeignetes Sicherheitskonzept zur Verwendung scharfer Zellen verfügen (siehe Abschn. 4.7.3). Bei fast allen Gesamtfahrzeugprüfständen ist das aktuell nicht der Fall. Fahrzeugferne Prüfanlagen wie Shaker oder mehraxialer Schwingtisch lassen sich konstruktiv so gestalten, dass Prüfungen mit scharfen Hochvoltspeichern und Vibrationen mit überlagertem Laden/Entladen möglich sind. Auch Thermokammern sind leichter als bei Gesamtfahrzeugprüfständen umsetzbar. Eine bessere Zugänglichkeit des Prüflings erleichtert die Schadensdetektion am Batteriegehäuse und an den Anbindungsstellen zum Fahrzeug während der Prüfung. Bei allen Prüfanlagen wäre allerdings der finanzielle Schaden an der Prüftechnik durch eine mögliche Havarie des Hochvoltspeichers beträchtlich.

Wie bereits beschrieben, können bei fahrzeugfernen Prüfständen die globalen Verformungen des Hochvoltspeichers nicht oder nicht korrekt aufgegeben werden. Dadurch lassen sich auch die Beanspruchungen (B) und (C) in dessen äußerer Struktur sowie in seinen Anbindungselementen an die Karosserie nur ungenügend nachbilden [VOL16].

Lokale Beanspruchungen (A) und (B) im Inneren des Hochvoltspeichers aufgrund dynamischer Schwingbelastungen sind mit fahrzeugfernen Prüfständen demgegenüber gut oder zumindest ausreichend darstellbar [VOL16]. Der Unterschied zwischen einem elektromechanischen Shaker und einem meist hydraulisch angetriebenen MAST (Hexapod) besteht dann in erster Linie darin, dass bei einem Shaker für gewöhnlich eine Anregung nur in einer Achsrichtung gleichzeitig erfolgen kann. Ausnahmen in Form von drei gekoppelten Shakern spielen in der Praxis nur eine untergeordnete Rolle und werden hier nicht betrachtet.

Richtlinien zur Prüfung von karosseriefesten Anbauteilen versuchen diese Einschränkung oft durch eine zeitlich hintereinanderliegende, getrennte Anregung in den drei Raumachsen zu umgehen [LUC09]. Da gerade in der Beanspruchung

(B) nach Abschn. 4.4 durch das Schwingungsverhalten von Hochvoltspeicher und Prüfaufbau jedoch eine einachsige Anregung eine dreiachsige Antwort nach sich zieht (Übersprechverhalten der Raumrichtungen), ist eine fundierte betriebs-festigkeitsorientierte Bewertung komplex. Hier sollte der Weg über Dehnungen an kritischen Stellen und berechnete Schadensakkumulation gegangen werden. Oftmals zeigt sich dabei, dass – natürlich abhängig von der Bauform des Hochvoltspeichers – die Vertikalanregung im Fahrzeug die dominierende Anregungsrichtung darstellt (Anteil an der Gesamtschädigung > 95 %). Nichts-destotrotz lässt sich durch mehraxiale Anregung mit korrekten Phasenbezügen bei einem MAST im Vergleich zu einem einaxialen Shaker insbesondere die Beanspruchung (B) deutlich realitätsnaher gestalten [GOR13]. Auch wenn das Frequenzspektrum über 100 Hz mit einem Shaker besser geprüft werden kann (Einfluss insbesondere auf Elektronikkomponenten mit Beanspruchung (A)), so sollte – bei Verfügbarkeit – in Anbetracht seiner Vorteile einem deutlich auf-wendigeren MAST der Vorzug gegeben werden. Trotzdem stellen Shaker eine unter Kosten-/Nutzenaspekten durchaus interessante Alternative dar.

Keine Auswirkung hat die Wahl auf die Beanspruchungen aus globalen Ver-formungen der Batterie (C). Auch bei einem MAST schwingen alle Anbindungs-punkte ohne Eigenverhalten der Vorrichtung gleich. Dies stellt insbesondere bei Hochvoltspeichern mit großen Abmessungen und Einbausituationen S4 und S5 nach Abb. 4.2 eine Abweichung von der Realität dar. Ob zusätzliche Aktua-toren auf der Prüfvorrichtung zur Aufbringung dieser Verformungen, wie von [GOR13] vorgeschlagen, ein gangbarer Weg wären, ist offen. In Tab. 4.2 sind die verschiedenen fahrzeugfernen und -nahen Prüfstände zur Beanspruchbarkeitsana-lyse von Hochvoltspeichern auf den Ebenen Batteriesystem und Gesamtfahrzeug inklusive einer Einschätzung ihrer Vor- und Nachteile zusammengefasst.

4.7 Multilevel-Ansatz zur Analyse von Hochvoltspeichern

Ausgehend vom Stand der Technik bei Prüfständen zur Beanspruchbarkeitsana-lyse von Hochvoltspeichern lässt sich feststellen, dass eine Betriebsfestigkeits-absicherung eines Batteriesystems mit einer einzigen mechanischen Prüfung nur auf Systemebene nicht möglich ist und auch nicht sinnvoll erscheint. Damit sind hier andere Absicherungsmethoden als bei kleineren karosseriefesten Anbauteilen oder Elektronikkomponenten im Fahrzeug erforderlich [LUC09, POL13].

Durch ihren modularen Aufbau, ihre im Vergleich zum restlichen Gesamt-fahrzeug hohe Masse und ihre großen Abmessungen erfordern Hochvoltspeicher abhängig von ihrer Einbausituation (Abb. 4.2) ein abweichendes Analyse- bzw. Absicherungskonzept.

Der hier vorgeschlagene Multilevel-Ansatz orientiert sich an dem modularen geometrischen Aufbau des Hochvoltspeichers auf Zell-, Modul-, System- und Gesamtfahrzeugebene (Abb. 4.8). Wie in Abschn. 4.6 gezeigt, existiert aktuell kein Verfahren, das eine Beanspruchbarkeitsanalyse eines Hochvoltspeichers auf System- bzw. Gesamt-fahrzeugebene unter Berücksichtigung aller Anforderungen (Abschn. 4.5) und mechanischen Beanspruchungen (Abschn. 4.4) in einer einzigen Prüfung erlaubt. Aus diesem Grund findet eine Aufteilung der Absicherung des Hochvoltspeichers auf fahrzeugferne Systemebene (Prüfung der Strukturfestigkeit) und Gesamtfahr-zeug (Prüfung der Fahrzeugintegration) statt (siehe Abschn. 4.7.1).

Da der Aufbau von Hochvoltspeichern modular, aber meist sehr komplex ist, müssen die Komponenten auf der Modul- und Zellebene bereits vor der Prüfung im Batteriesystem einzeln abgesichert werden. Eine Detailbeurteilung der Einzel-teile im Gesamtverbund ist aufgrund mangelnder Zugänglichkeit nur schwer möglich. Für die Analyse der Modul- und Zellebene kommen üblicherweise fahrzeugferne Prüfverfahren zum Einsatz [POL13]. Neben elektrischen, chemi-schen, EMV- und Umwelteinflussprüfungen findet eine mechanische Belastung von Zellen und Modulen über Vibrations- und Schockanregungen statt. Auf-grund des hierarchischen Aufbaus in der modularen Bauweise muss sichergestellt sein, dass eine Zelle z. B. für alle möglichen Einbausituationen im Modul und ein Modul z. B. für alle möglichen Einbausituationen in Batteriesystemen aus-

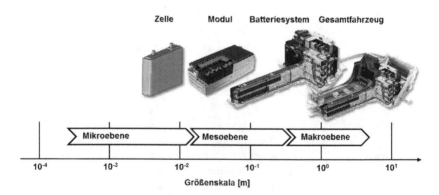

Abb. 4.8 Exemplarische Darstellung der Größenordnungen verschiedener Ebenen in der Multilevel-Absicherung der Betriebsfestigkeit von Hochvoltspeichern. (Bilder adaptiert nach [AUD17a]; mit freundlicher Genehmigung von © AUDI AG 2017. All Rights Reserved)

Tab. 4.2 Übersicht über Prüfstände für Hochvoltspeicher auf Systemebene. (Aus [A_DOE13]; mit freundlicher Genehmigung von © DVM Berlin 2013. All Rights Reserved)

Prüfstand für Batteriesystem	Mechanische Beanspruchung					Vorteile	Nachteile
	(A)	(B)	(C)	(D)	(E)		
Shaker (einaxial)	+	o	−	+	+	+ Lastüberhöhung einfach möglich + Leichte Zugänglichkeit (Schadensdetektion) + Scharfe Zellen oder Zelldummies + Laden/Entladen + Extreme Temperaturen + Frequenzen > 100 Hz	− Großer Aufwand für Auslegung der Prüfvorrichtung − Gefahr der Fehlauslegung durch Frequenzverhalten der Prüfvorrichtung − Nur einachsige Anregung
Mehraxialer Schwingtisch (MAST)	+	+	−	−	+	+ Mehrachsige Anregung + Betriebslastennachfahrversuche + Lastüberhöhung einfach möglich + Leichte Zugänglichkeit (Schadensdetektion) + Scharfe Zellen oder Zelldummies + Laden/Entladen + Extreme Temperaturen	− Großer Aufwand für Auslegung der Prüfvorrichtung − Gefahr der Fehlauslegung durch Frequenzverhalten der Prüfvorrichtung − Meist nur Frequenzen < 100 Hz
Gesamtfahrzeugprüfstand	+	+	+	−	o	+ Fahrzeugähnliche Lasteinleitung + Kein Zusatzaufwand für Prüfvorrichtung + Gleichzeitige Prüfung von Batterie, Anbindungen und Karosserie	− Lastüberhöhung nur begrenzt möglich − Nur Zelldummies − Meist nur Frequenzen < 50 Hz − Fahrzeugverfügbarkeit − Schlechte Zugänglichkeit (Schadensdetektion)

reichend qualifiziert ist. Dabei sind auch Wechselwirkungen zwischen den verschiedenen Ebenen zu berücksichtigen (Abb. 4.3 und 4.7). Im Multilevel-Ansatz zur Betriebsfestigkeitsanalyse wird diesem Umstand durch eine Staffelung der Anregungsprofile entlang der Ebenen Rechnung getragen. Abb. 4.9 zeigt exemplarisch für die Ebenen Zelle, Modul und Batteriesystem die gestaffelten Prüfprofile als Leistungsdichtespektren (LDS).

Eine Betriebsfestigkeitsanalyse der Zell- und Moduleebene erfolgt in der Praxis oft nicht nur für den Einbau in einem einzigen Batteriesystem, vielmehr können Batteriezellen und Batteriemodule auch in verschiedenen Hochvoltspeichermodellen für unterschiedliche Fahrzeuge Verwendung finden (Modulgedanke). Dies ist dann in der Absicherung zu berücksichtigen und liefert weitere Argumente für die Qualifizierung von Zellen und Modulen ausschließlich in fahrzeugfernen und damit -unabhängigen Prüfverfahren. Die Verwendung eines Batteriesystems ist ebenso in verschiedenen Fahrzeugmodellen denkbar, sodass der Modulgedanke auch hier eine einmalige fahrzeugferne Absicherung der Strukturfestigkeit und eine spezifische, anwendungs- und einbauorientierte, fahrzeugnahe Absicherung der Fahrzeugintegration fördert.

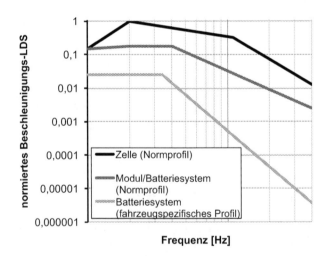

Abb. 4.9 Beispiel für normierte LDS-Prüfprofile zur Rauschanregung auf mehreren Ebenen des Multilevel-Ansatzes: Zelle, Modul und System eines Hochvoltspeichers. (Aus [A_DOE13]; mit freundlicher Genehmigung von © DVM Berlin 2013. All Rights Reserved)

Auch eine Betriebsfestigkeitsuntersuchung in der Intra-Zellebene (Nano-ebene unterhalb der Mikroebene) ist denkbar und kann für die mechanische Bemessung des Zellinnenaufbaus aus Elektroden, Separatoren und Kontaktierun-gen [WOE13] genutzt werden.

Die Herausforderung bei der Aufteilung der Beanspruchbarkeitsermittlung auf mehrere Prüfungen in verschiedenen Ebenen in einem Multilevel-Ansatz liegt in der Verknüpfung und Bewertung der Einzelergebnisse und in der sinnvollen Kom-bination der Ebenen zur Erlangung einer Gesamtaussage. Am Ende ist immer die ausreichende Betriebsfestigkeit des Hochvoltspeichers im Gesamtfahrzeug vor Kunde abzusichern.

Im Rahmen dieser Arbeit liegt der Fokus auf der Batteriesystem- und Gesamt-fahrzeugebene, d. h. auf der Analyse der Strukturfestigkeit und der Fahrzeug-integration, da hierbei die meisten Wechselwirkungen zwischen den Ebenen auftreten und sich die dazu notwendige Vorgehensweise stärker von bekannten Absicherungsverfahren für kleinere elektrische und elektronische Komponenten im Fahrzeug unterscheidet als bei der Zell- oder Modulebene.

4.7.1 Strukturfestigkeit und Fahrzeugintegration

Zur Erfüllung der in Abschn. 4.5 beschriebenen Anforderungen wird eine Kom-bination aus fahrzeugnahen und -fernen Prüfungen benötigt. Eine fahrzeugnahe Prüfung des Hochvoltspeichers findet zur Festigkeitsbeurteilung der Fahrzeug-integration auf einem Gesamtfahrzeugprüfstand statt (siehe Tab. 4.2). Dabei werden insbesondere die Stärken des Prüfkonzepts, wie fahrzeugähnliche Last-aufbringung, Beanspruchung auch durch globale Verformung und gleichzeitige Prüfung der karosserieseitigen Batterieanbindungen genutzt. In diesem Schritt treten typischerweise Schwachstellen an Karosseriekonsolen und Haltern zu Tage. Auch kann diese Prüfung als eine schnelle Erstabsicherung des Hochvolt-speichers verwendet werden, wenn z. B. bei einer Kleinserie der Aufwand einer Shaker- oder MAST-Prüfvorrichtung gescheut wird, jedoch ein Fahrzeugprototyp vorhanden ist. Durch eine Prüfung auf Gesamtfahrzeugebene kann in begrenztem Maße auch auf Schwachstellen in der Batteriesystemebene geschlossen werden.

Durch fahrzeugferne Prüfungen kann die Strukturfestigkeit des Hochvolt-speichers auf Systemebene mittels Shaker oder MAST getestet werden. Unter Strukturfestigkeit lässt sich die mechanische Betriebsfestigkeit aller funktions-sichernden Teile in der Batterie verstehen, z. B. Kühlplatten, Kühlmittelleitungen, Tragstrukturen, elektrische Bauteile oder auch die gesamte Verbindungstechnik. Wichtig ist bei der Nutzung eines Shakers oder MAST die Möglichkeit der gezielten Lastüberhöhung und des Tests elektrisch aktiver Hochvoltspeicher sowie die Aufbringung aller Belastungen außer der globalen Verformung (C). Um das Risiko einer falschen Über- oder Unterbeanspruchung der Batterie am fahrzeugfernen Prüfstand zu minimieren, ist die Prüfvorrichtung möglichst so steif auszulegen, dass sie im fahrzeugtypischen Anregungsbereich kein ausgeprägtes Eigenresonanzverhalten aufweist. Nichtsdestotrotz sollte die lokale Anbindung des Hochvoltspeichers über Originalhalter in einer fahrzeugähnlichen Art und Weise an der Prüfvorrichtung erfolgen. Dadurch lässt sich trotz abweichender globaler Steifigkeit der Prüfvorrichtung lokal in einiger Entfernung von der Anbindung ein realistisches Spannungsbild aufgrund der Beanspruchungen (A) und (B) erzeugen. Zusammen mit einer fahrzeugähnlichen Einbringungsmethode des Prüflings in die Vorrichtung, die eine realitätsnahe Montagelast im Hochvoltspeicher ermöglicht, kann dies z. B. über die Verwendung von Hebegestellen oder Adaptern erfolgen [A_DOE16a].

Probleme bei der getrennten Absicherung von Fahrzeugintegration und Strukturfestigkeit im Rahmen des Multilevel-Ansatzes über fahrzeugnahe und -ferne Prüfungen können sich dadurch ergeben, dass keine gleichzeitige Überlagerung aller Beanspruchungen (A) bis (E) aus Abschn. 4.4 in extremaler Weise möglich ist. Eine Prüfung unter thermischen und elektrischen Einflüssen in Kombination mit globaler Verformung kann z. B. nicht nachgestellt werden.

Darüber hinaus ist weder bei Prüfungen auf Shaker oder MAST noch am Gesamtfahrzeugprüfstand eine Aufbringung großer Verformungen inkl. Überlast auf das Batteriesystem möglich. Daher werden für die Betriebsfestigkeitsanalyse evtl. zusätzliche Komponentenversuche mit kritischen Bauteilen unter Aufbringung von mechanischen Ersatzlasten benötigt. Beispielsweise lassen sich maximale globale Verwindungen des Hochvoltspeichers in Ersatzversuchen mit Teilen der Gesamtbatterie und Lasteinleitung über Hydropulser durchführen. Der Einfluss des Setzverhaltens von Schrauben unter thermischen Zyklen und Lade- bzw. Entladevorgängen kann mittels Modulversuchen untersucht werden. Hier findet ein Übergang von der Makroebene des Batteriesystems auf die Mesoebene des Moduls statt. Diese Untersuchungen auf Modulebene mit gezielter Nachbildung der Wechselwirkung zwischen den einzelnen Ebenen ergänzen und erweitern die in Abschn. 4.7 genannten, allgemeinen Zell- und Modulversuche über Normprofile bzw. standardisierte, ortsunabhängige Anregungen. Es findet eine einbauspezifische Last- und Prüfaufbauableitung statt.

Zur Kombination fahrzeugnaher und -ferner Prüfungen für Fahrzeugintegrations- und Strukturfestigkeitsanalyse sind numerische Struktursimulationen unerlässlich. Auch die Ebenen Zelle und Modul können hinsichtlich der intermodularen Wechselwirkungen, Lasteinleitungen und Eigenschaften erst durch

Berechnungen verbunden werden. Genauere Einblicke in die Auswirkungen der verschiedenen Beanspruchungen auf den Hochvoltspeicher sowie deren Überlagerungen werden durch Simulationen ermöglicht. Auf die Verbindung der verschiedenen Ebenen des Multilevel-Ansatzes zur Betriebsfestigkeitsanalyse geht Abschn. 4.7.4 näher ein.

4.7.2 Strukturfestigkeitserprobung mittels Shaker

Während auf mehraxialen Schwingtischen (MAST) und auf Gesamtfahrzeugprüfständen Betriebslasten aus Fahrzeugmessungen amplituden- und phasenrichtig nachgefahren werden können, stellt die Basis für Shaker-Prüfungen üblicherweise ein Rauschprofil dar. Dieses kann entweder Normen und Richtlinien entnommen oder individuell auf Basis von Fahrzeugmessungen erzeugt werden. Diese Synthese ist auch in Anlehnung an viele Richtlinien legitim, da in ihnen meist – abhängig von der vorliegenden Datengüte – eine derartige Individualisierung ermöglicht und ausdrücklich erwünscht wird [KUT15, KUT15a, ISO11, ISO12].

Bei der Erzeugung eines Rauschprofils aus Beschleunigungssignalen einer Fahrzeugmessung müssen verschiedene vereinfachende Annahmen getroffen werden. So kann theoretisch an allen Aufnahmepunkten der Speicherbatterie nur ein in Amplitude und Phase identisches Prüfprofil aufgegeben werden, da diese Punkte in einer möglichst steifen Prüfvorrichtung, die durch einen Shaker angeregt wird, angeordnet sind. Ein identisches Profil an allen Anbindungspunkten würde einer realitätsnahen Situation bei den Einbausituationen S1 und S2 nach Abb. 4.2 entsprechen. Bei den Einbausituationen S3 bis S5 weichen die Anregungen an den Anbindungsstellen im Fahrzeug durch die große räumliche Entfernung und die endliche Karosseriesteifigkeit voneinander ab.

Auch in einer Prüfvorrichtung kommt es evtl. zu Anregungsunterschieden zwischen den Anbindungspunkten, speziell bei Hochvoltspeichern großer Abmessungen und Einbausituationen S3 bis S5. Hier sind diese der endlichen Steifigkeit der Prüfvorrichtung geschuldet. In der Praxis können diese Anregungsunterschiede gerade in der Eigenresonanz großer Prüfaufbauten ungewollt hoch ausfallen. Es ist daher dafür zu sorgen, dass bereits in der Konstruktion eines Prüfaufbaus derartige Resonanzen vermieden werden. Auch eine Frequenzvermessung der reinen Vorrichtung ohne Hochvoltspeicher kann im Vorfeld - je nach Bauweise der Prüfvorrichtung - sinnvoll sein. Die bei sehr großen Vorrichtungen oft verwendeten Federauflager zur Erweiterung der Tischfläche sind aufgrund ihrer Phasenbeeinflussung zu vermeiden.

In Abb. 4.10 sind zwei Prüfvorrichtungen für einen Hochvoltspeicher eines BEV in Einbausituation S4 (Abb. 4.2) dargestellt. Ohne Optimierung zeigt sich

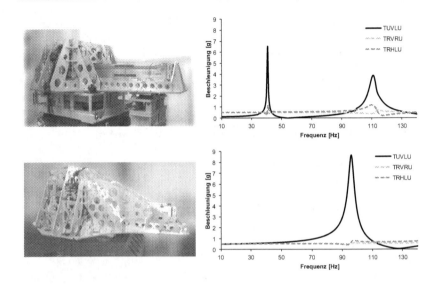

Abb. 4.10 Shaker-Prüfvorrichtungen ohne (oben) und mit Optimierung (unten): Prüfstands-
aufbau (links) und FEM-Simulation der Vertikalbeschleunigungen an drei Messstellen bei
Sinus-Sweep-Vertikalanregung (rechts). (Aus [A_DOE13]; mit freundlicher Genehmigung
von © DVM Berlin 2013. All Rights Reserved)

eine deutliche erste Eigenfrequenz der Vorrichtung bei ca. 40 Hz. Durch Veränderungen an Vorrichtungssteifigkeit und Aufbau kann diese bis auf über 90 Hz
erhöht werden. Auch mit eingebautem Hochvoltspeicher wird so eine deutliche
Anhebung der Resonanz erzielt. Da die Anregungshöhe der Prüfprofile zu hohen
Frequenzen hin abnimmt und der Schwingweg bei gleicher Beschleunigung qua-
dratisch von der Frequenz abhängt, kann durch diese Optimierung eine Überlast-
situation für den Hochvoltspeicher sicher vermieden werden.

Auch regelungstechnisch kann durch bereichsweise Anhebung bzw.
Absenkung des Prüfprofils anhand Regelsensoren eine lokale Unter- oder Über-
last bei Eigenfrequenzen reduziert werden. Für die eigentliche Ableitung eines
Rauschprofils auf Basis der Beschleunigungsmessungen im Fahrzeug und der
Lebensdauerforderung (Abschn. 4.3) können mehrere Vorgehensweisen heran-
gezogen werden. Ein gangbarer Weg ist es z. B., die Leistungsdichtespektren von
Beschleunigungsaufnehmern, die an mehreren Karosserieanbindungspunkten des
Hochvoltspeichers sitzen, abschnittsweise über ihren RMS-Wert zu mitteln und
daraus eine neue stetige Funktion zu erzeugen, siehe auch Abb. 4.11.

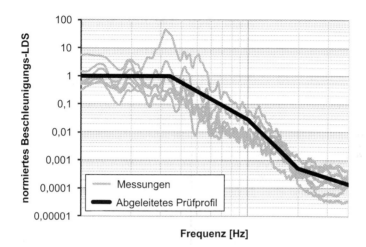

Abb. 4.11 Ableitung eines normierten LDS-Prüfprofils auf Basis von Beschleunigungs-messwerten (verschiedene Messstellen an Karosserieanbindungspunkten des Hochvolt-speichers, Streckensimulation auf Vierstempelanlage). (Aus [A_DOE13]; mit freundlicher Genehmigung von © DVM Berlin 2013. All Rights Reserved)

Liegen keine Werte aus Straßenmessungen vor, so kann ein Prüfprofil auch aus Fahrzeugmessungen auf einem Gesamtfahrzeugprüfstand abgeleitet werden. Zu beachten ist dabei jedoch, dass das Anregungsprofil auf dem Fahrzeugprüfstand evtl. bereits Überhöhungen oder Raffungen im Vergleich zur Straße besitzt und dass je nach Prüfstand Vertikalanteile betont sind. Alternativ können auch Standardprüfprofile aus Richtlinien zur Anwendung kommen. Da diese jedoch häufig eine Einhüllende über viele verschiedene Fahrzeuge und Einbausituationen zeigen, stellen Prüfungen mit Standardprofilen oft eine deutliche Überhöhung dar.

Um durch Lastüberhöhung bei der Prüfung eine gezielte Testraffung sowie eine statistische Sicherheit zu erhalten, wird das Prüfprofil bei Shaker-Prüfungen durch Faktoren für eine Laufzeitkorrektur (Lastanhebung zur Prüf-zeitverkürzung), Statistik (Berücksichtigung der Last- und Festigkeitsstreuungen, Serienumfang) und Prüfteilanzahl angehoben. Die Gesamtüberhöhung des Prüf-profils im RMS-Wert liegt dann üblicherweise im Bereich zwischen 1,2 und 2.

4.7.3 Herausforderungen bei der Erprobung auf Systemebene

Neben der Aufbringung und Überlagerung der unterschiedlichen mechanischen Belastungen auf einen Hochvoltspeicher auf fahrzeugnahen und -fernen Prüfständen (siehe Abschn. 4.4) zeigen sich weitere Herausforderungen in der praktischen Durchführung der mechanischen Prüfung.

Größe und Gewicht von Hochvoltspeichern können sich je nach Grad der Elektrifizierung (siehe Abschn. 3.2.2) und Einbausituation (Abb. 4.2) deutlich unterscheiden. Speziell große Speicherbatterien in BEV stellen hinsichtlich Handling, Prüfstandsdimensionierung und -peripherie neue Anforderungen. Bei Systemmassen von über 600 kg, Prüfvorrichtungen in der gleichen Größenordnung und dem Ziel von Schockprüfungen werden sehr groß dimensionierte Shaker oder MAST-Prüfstände mit hohen Kraftvektoren benötigt. Insbesondere im Tunnel- und Tankbereich liegende Hochvoltspeicher der Einbausituation S4 (Abb. 4.2) verfügen durch ihre verwinkelte T-Konstruktion bei großer lateraler Ausdehnung über eine hohe Fragilität bezüglich Handling, Anheben und Einbau. Es ist daher durch geeignete Hebevorrichtungen sicherzustellen, dass es weder beim Einbau ins Fahrzeug noch beim Einheben in eine Prüfvorrichtung zu einer ungewollten plastischen Deformation und damit zu einer evtl. Vorschädigung der Hochvoltspeicher kommen kann. Durch geeignete Adapterstücke und die Verwendung von Hebevorrichtungen lässt sich diese Herausforderung jedoch konstruktiv lösen [A_DOE16a].

Plastische Deformationen beim Einbau können aber auch gezielt während der Prüfung durch Einstellung von Extremwerttoleranzlagen aus dem Fahrzeugeinbau hervorgerufen werden. Dass sich diese statischen Lastanteile u. U. ganz unterschiedlich auf kritische Stellen des Hochvoltspeichers verteilen können, zeigt Abb. 4.12. Darin sind neben statischen Montagedehnungen im Inneren eines Hochvoltspeichers bei Einbau in ein Shaker-Prüfgestell auch maximal auftretende dynamische Amplituden bei Prüfung auf einer Vierstempelanlage im Gesamtfahrzeug und auf einem Shaker im Prüfgestell unter Rauschanregung dargestellt. Während die DMS 3 mehr als das 2,5-fache der dynamischen Dehnungsamplitude auf der Vierstempelanlage als statische Montagedehnung erfährt, ist es bei DMS 5 weniger als das 0,2-fache.

Eine weitere Herausforderung ergibt sich bei der Prüfung scharfer Batteriesysteme. Auf der Zell- und Modulebene werden im Rahmen des Multilevel-Ansatzes zusätzlich zu mechanisch-elektrisch-thermischen Kombinationsprüfungen auch zahlreiche rein elektrische Funktions- und Dauertests sowie Missbrauchs- und Umwelttests unter elektrischer Aktivität durchgeführt. Die Durchführung und Bewertung dieser nicht-mechanischen-Versuche ist jedoch nicht Teil dieser Arbeit.

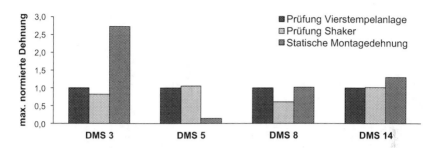

Abb. 4.12 Vergleich der maximalen Dehnungsamplituden bei Prüfungen auf der Vierstempelanlage im Gesamtfahrzeug und dem Shaker mit den statischen Montagedehnungen
bei der Shaker-Prüfung für vier Messstellen an einem Hochvoltspeicher. (Aus [A_DOE13];
mit freundlicher Genehmigung von © DVM Berlin 2013. All Rights Reserved)

Positive Ergebnisse der Zell- und Modultests mit ausreichender Betriebsfestigkeit auf Mikro- und Mesoebene sind vielmehr Grundvoraussetzung für die sichere
Durchführung der mechanischen Erprobung auf System- und Gesamtfahrzeugebene.

Durch spezielle Sicherheitskonzepte versucht man in den Zell- und Modultests, die Folgen einer unkontrollierten Zellreaktion, die in chemischer Reaktion
(Ausgasen, Austritt von Elektrolyt), thermischer Reaktion (Brand) und elektrischer Gefährdung (Hochvoltsystem) münden kann, zu verhindern oder kon-
trolliert und sicher stattfinden zu lassen. Die Bandbreite der Maßnahmen reicht
hierbei von frühzeitiger Parameterüberwachung der Batterie über Prüfkabinen mit
Druckentlastungsöffnungen zur Explosionsschadensbegrenzung bis hin zur Inerti-
sierung von Prüfumgebungen [FRA12, KER09].

Die maximal möglichen Gefährdungspotenziale durch Zellen sind in den
EUCAR-Gefährdungsklassen bzw. Hazard-Levels festgelegt, siehe Tab. 4.3
[DOU06, DAL13].

Im Unterschied zu Zelltests dürfen bei Prüfungen zur Betriebsfestigkeitsanalyse von Hochvoltspeichern auf Systemebene häufig nur Zellen zum Einsatz kommen, die alle für die mechanische Erprobung relevanten Kriterien bis
Hazard-Level 4 erfüllen, d. h. es muss zwar mit Lecks und Abblasen, jedoch
nicht mit Feuer, Bersten oder Explosion nach Vibrations- oder Schockanregung
gerechnet werden. Durch den gerade bei großen Hochvoltspeichern enormen
Energieinhalt, der bei einer exothermen Reaktion frei werden würde, sollten bei
Betriebsfestigkeitsprüfungen von ganzen Batteriesystemen dennoch spezielle
Sicherheitslösungen vorgesehen werden. Das Hauptaugenmerk muss auf akti-
ver Sicherheitstechnik mit einer Detektion von Messgrößenabweichungen in der
Batterie durch das Batteriemanagementsystem, eigene Messaufnehmer oder die

Tab. 4.3 EUCAR-Gefährdungsklassen. (Aus [DAL13]; mit freundlicher Genehmigung von © Springer-Verlag Berlin Heidelberg 2013.

Gefährdungsklasse/ Hazard-Level	Beschreibung	Klassifizierungskriterien und Effekte	Zulässige Gefährdung
0	Kein Effekt	Kein Effekt, keine Funktionsbeeinträchtigung	
1	passive Sicherheitsvorrichtung löst aus	Kein Defekt, kein Leck, kein Abblasen, kein Feuer, keine Flammen, kein Bersten, keine Explosion, keine exothermen Reaktionen, kein Thermal Runaway, Zelle noch einsetzbar, Sicherheitsvorkehrungen müssen repariert werden	
2	Defekt, Beschädigung	Wie Gefährdungsklasse 1, aber die Zelle ist irreversibel geschädigt und muss ausgetauscht werden	
3	Leck, Masseverlust $<50\,\%$	Kein Abblasen, kein Feuer, keine Flammen, kein Bersten, keine Explosion, $<50\,\%$ Gewichtsverlust der Elektrolytlösung (Lösungsmittel + Leitsalz)	Beim Abblasen dürfen keine gesundheitsschädlichen oder giftigen Stoffe austreten
4	Abblasen, Masseverlust $>50\,\%$	Kein Feuer, keine Flammen, keine Explosion, $>50\,\%$ Gewichtsverlust der Elektrolytlösung (Lösungsmittel + Leitsalz)	Beim Abblasen dürfen keine gesundheitsschädlichen oder giftigen Stoffe austreten
5	Feuer oder Flammen	Kein Bersten, keine Explosion (z. B. keine umherfliegenden Teile)	Beim Abblasen und Verbrennen dürfen keine gesundheitsschädlichen oder giftigen Stoffe austreten oder entstehen
6	Bersten	Keine Explosion, aber umherfliegende Teile der aktiven Elektrodenmassen	Beim Abblasen, Verbrennen und Bersten dürfen keine gesundheitsschädlichen oder giftigen Stoffe austreten oder entstehen
7	Explosion	Explosion (z. B. Zertrümmerung der Zelle)	Beim Abblasen, Verbrennen, Bersten und Explodieren dürfen keine gesundheitsschädlichen oder giftigen Stoffe austreten oder entstehen

Prüfstandüberwachung und einem darauffolgenden Teststopp liegen. Es ist nicht das Ziel, Hochvoltspeicher zur Betriebsfestigkeitsabsicherung bis an die elektrischen oder thermischen Sicherheitsgrenzen zu bringen und hier Missbrauch zu testen! Als passive Sicherheitstechnik sind Löschanlagen [GUT13], der Aufbau der Prüflinge auf Zugschlitten mit Zugang zum Freien [GOR13] oder Prüfstände in vom restlichen Gebäude getrennten „Opferbereichen" (Containern) im Einsatz. Da die letzten beiden Sicherheitstechniken bei Gesamtfahrzeugprüfständen aufgrund der komplexen Einbindung des Fahrzeugs in den Prüfstand und der sehr teuren Prüfstandtechnik nur schwer darstellbar sind, bleibt für die Prüfung auf fahrzeugnahen Prüfständen als Lösung oft nur der Test mit Batteriedummies, also masse- und abmessungsgleichen Hochvoltspeichern, die elektrisch inaktive Zellen mit keinem oder nur geringem Gefährdungspotenzial beinhalten. Solche elektrisch inaktiven Zellen können als rein mechanische Dummyzellen mit integrierten Federn zur Simulation der Gehäusebombierung bzw. der Wandsteifigkeit im Modul oder als reale Zellen, bei denen z. B. fehlendes Leitsalz im Elektrolyt eine elektrische Inaktivität bei sonst realistischem Innenaufbau verursacht, ausgeführt sein.

Bei der Betrachtung der Dehnungen der Zeitsignale in Abb. 4.13 wird deutlich, dass die Amplitudenhöhen der Shaker-Prüfung bei vielen Messstellen mit denen auf der Vierstempelanlage im Bereich der synthetischen Messfahrt (Zeitsignale, Bereich 1) vergleichbar sind. Die Sonderlastfälle, wie die globale Verformung beim Karosserieschränken (Zeitsignale, Bereich 2), lassen sich auf Grund der globalen Steifigkeit des Hochvoltspeicher-Karosserieverbundes und des Prüfszenarios sehr schwer nachbilden. Es entstehen dadurch lokal unter-

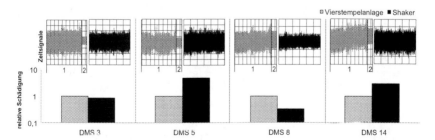

Abb. 4.13 Zeitsignale und relative Schädigungen für vier Dehnungsmessstellen an einem Hochvoltspeicher bei Prüfungen im Gesamtfahrzeug auf einer Vierstempelanlage und in einer Prüfvorrichtung auf einem 1D-Shaker. (Aus [A_DOE13]; mit freundlicher Genehmigung von © DVM Berlin 2013. All Rights Reserved)

schiedliche Schädigungssummen bei identischen Prüfdauern. Obwohl also bei der einaxialen Shaker-Prüfung die Beanspruchung (C) (siehe Abschn. 4.4) nicht explizit abprüfbar ist, kann dennoch an vielen Stellen der Batterie eine äquivalente Schädigung erzielt werden. Entscheidend für die Abbildungsgüte realer lokaler und globaler Schädigungen ist hierbei die ausgewogene und realistische Anpassung der Prüfvorrichtungskonstruktion des Shakers.

Um auch mechanische Beanspruchungen durch elektrische Einflüsse in einer Betriebsfestigkeitsprüfung (Beanspruchung (D), siehe Abschn. 4.4) zu untersuchen, muss der Hochvoltspeicher während der mechanischen Prüfung elektrischen Ladezyklen ausgesetzt werden. Die Herausforderung liegt dabei im Zusammenschluss von Batteriemanagement, Fahrzeugsimulator und Prüfstandregelung. Es seien an dieser Stelle nur die Stichworte Restbussimulation und Hardware-in-the-Loop (HiL) zur Nachbildung der elektrischen Fahrzeugschnittstelle erwähnt.

4.7.4   Einbindung in den Produktentwicklungsprozess

Die Entwicklung eines elektrifizierten Fahrzeugs erfordert abhängig vom Grad der Elektrifizierung (siehe Abschn. 3.2.2) eine umfassende und frühzeitige Integration der im Vergleich zu einem herkömmlichen Fahrzeug abweichenden Komponenten (siehe Abschn. 3.2.3) in den Produktentwicklungsprozess (PEP) des Fahrzeugs. Dies trifft vor allem auf die beiden geometrisch größten Komponenten – elektrifizierter Antriebstrang und Hochvoltspeicher – zu, die den größten Einfluss auf die Fahrzeugarchitektur besitzen. Bei modularen Baukastensystemen für Hochvoltspeicher konzentriert sich die eigentliche Entwicklung dieser Baugruppe oft auf die Übernahme bzw. Anpassung der Komponenten der Zell- und Modulebene und dann die fahrzeugspezifische Konstruktion und Erprobung der System- und Fahrzeugebene des Hochvoltspeichers. Große Herausforderung ist dabei die Integration aller Schnittstellen und Anforderungen an den Hochvoltspeicher im Gesamtfahrzeug. Von Montage über Crashverhalten, elektrischer Anbindung bis hin zum Thermomanagement sind viele Disziplinen zusammenzuführen. Die Entwicklung eines Hochvoltspeichers läuft meist in mehreren Musterphasen und daraus abgeleiteten konstruktiven Iterationen ab. Aufgabe der Betriebsfestigkeit im PEP ist nicht nur die finale Absicherung des gesamten Hochvoltspeichers, sondern auch die Begleitung sämtlicher Musterphasen entlang des Multilevel-Ansatzes. Zu Beginn der Entwicklung stehen die grundlegende Analyse und Vorqualifizierung des Entwurfs, die erste Betriebsfestigkeitsfreigabe zur Erprobung innerhalb der technischen Entwicklung mittels Prototypen, die Validierung des konstruktiven Konzepts sowie konstruktive Optimierungsvorschläge, auch hinsichtlich

Leichtbaupotenzial. Da die Verfügbarkeit von Fahrzeugprototypen in diesem Entwicklungsstadium noch sehr eingeschränkt ist, liegt der Fokus auf Simulation und mechanischer Beanspruchbarkeitsermittlung auf Zell-, Modul- und Systemebene. Letztere konzentriert sich auf fahrzeugferne Prüfverfahren der Strukturfestigkeitsabsicherung wie Shaker oder MAST. Später im PEP werden vermehrt Belange der Fahrzeugintegration betrachtet, zu deren Absicherung dann Prototypen und fahrzeugnahe Gesamtfahrzeugprüfstände zur Verfügung stehen.

In frühen Entwicklungsstadien wird die Analyse auf Systemebene durch Hochvoltspeicher mit Zelldummies mit niedrigerem Gefährdungspotenzial und Normprofilen durchgeführt. In späteren Phasen bzw. vor der Endfreigabe für die Strukturfestigkeit kommen scharfe Batteriesysteme mit gemessenen Belastungsprofilen zum Einsatz. Sollten während des PEP große strukturelle Änderungen nötig werden, so ist eine erneute Prüfung mit elektrochemisch inaktiven Zellen sinnvoll.

Zur Einschätzung, welche Lasten in welcher Kombination und mit welcher Wahrscheinlichkeit auftreten können, sind u. U. auch statistische Verfahren oder Nutzungsraumanalysen hilfreich [DEN11].

4.7.5 Verbindung der Ebenen des Multilevel-Ansatzes

Einen wichtigen Anteil am hier vorgeschlagenen Multilevel-Analysekonzept für Hochvoltspeicher nehmen neben den Beanspruchbarkeitsanalysen durch Prüfungen auf Zell-, Modul-, System- und Gesamtfahrzeugebene vor allem virtuelle Beurteilungsverfahren ein. Durch den Einsatz von FEM-Struktursimulationen werden eine Festigkeitsvorbeurteilung vor Verfügbarkeit realer Bauteile, eine Verknüpfung der verschiedenen Ebenen des Multilevel-Ansatzes, die Verbindung fahrzeugnaher und -ferner Prüfungen sowie ein besseres Systemverständnis des komplexen Bauteils Hochvoltspeicher ermöglicht.

Abb. 4.14 zeigt einen Vergleich der vertikalen Antwortspektren bei einer virtuellen und einer experimentellen Rauschprüfung. Die charakteristischen Eigenfrequenzen lassen sich in der Berechnung gut identifizieren.

Ergebnisse aus statischen Simulationen mit Ersatzlasten, dynamischen Simulationen mit Betriebslasten, Berechnungen im virtuellen Gesamtfahrzeug und in virtuell nachgebildeten Prüfanlagen tragen dazu bei, Abhängigkeiten zwischen den einzelnen Ebenen zu erkennen, Rückwirkungen zu berücksichtigen und geeignete Prüflasten zu ermitteln. Durch Simulationen kann auch die Erprobungswürdigkeit von neuen Konstruktionsständen frühzeitig eingeschätzt werden. Dadurch ist eine erhebliche Zeit- und Kostenersparnis in der weiteren

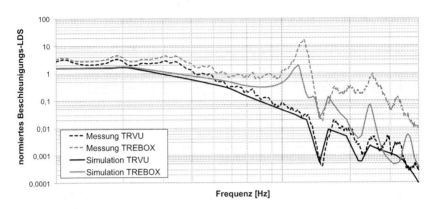

Abb. 4.14 Vergleich vertikaler Antwortspektren bei einer virtuellen und einer experimentellen Rauschprüfung auf einem Shaker (Beschleunigungsmessstellen TRVU und TREBOX an einem Hochvoltspeicher). (Aus [A_DOE13]; mit freundlicher Genehmigung von © DVM Berlin 2013. All Rights Reserved)

Absicherung mit Realbauteilen möglich, evtl. Sicherheitsrisiken gerade mit scharfen HV-Zellen werden reduziert.

Enge zeitliche Freigabeanforderungen im PEP, die unterschiedliche Verfügbarkeit von Daten und Modellen zur Simulation der verschiedenen Ebenen, aber auch die zeitliche Verfügbarkeit von erprobungsfähigen Batteriemustern und Prototypfahrzeugen erfordern zur Einhaltung des Produktentwicklungsprozesses eine Anwendung des Multilevel-Ansatzes. Dieser ist ein wichtiges Instrument zur erfolgreichen Absicherung von Hochvoltspeichern innerhalb des zur Verfügung stehenden Zeitplans – sowohl in realen Beanspruchbarkeitsanalysen als auch in begleitenden Simulationen und der virtuellen Entwicklung.

Eine Betriebsfestigkeitsanalyse von Hochvoltspeichern elektrifizierter Fahrzeuge sollte also heute als ein ganzheitlicher Prozess aus verschiedensten Prüfverfahren, Messungen und Simulationen betrachtet werden. Die alleinige Anwendung einfacher mechanischer Prüfrichtlinien mit Normprofilen, die für elektrische und elektronische karosseriefeste Komponenten vorgesehen sind, auf das Gesamtsystem großer Hochvoltspeicher ist nicht zielführend und verursacht entweder eine Überdimensionierung der Konstruktion aufgrund der Nichtberücksichtigung des Lasteffekts großer Inertialmassen oder eine nicht ausreichende Erprobung aufgrund des Fehlens entsprechender Prüf- und Analysemöglichkeiten. In jedem Fall trägt ein ganzheitliches Analysekonzept nach dem Multilevel-Ansatz zu einem erhöhten Systemverständnis und zu einer verbesserten Betriebsfestigkeitsanalyse von Hochvoltspeichern bei.

Konzept zur Betriebsfestigkeitsanalyse von elektrischen Steckkontakten

Dieses Kapitel beschreibt die Entwicklung und Anwendung von Multilevel-Ansätzen zur Betriebsfestigkeitsanalyse von elektrischen Steckkontakten anhand von Praxisbeispielen. Steckkontakte sind Bauteile zur elektrischen Kontaktierung von Leitungsverbindungen und kommen auch, jedoch nicht ausschließlich in elektrifizierten Fahrzeugen zum Einsatz (siehe Abschn. 3.2.3). Die in dieser Arbeit vorgestellten Ergebnisse und Erkenntnisse basieren auf eigenen mehrjährigen Untersuchungen und wurden teilweise bereits veröffentlicht [A_DOE16]. Da die Inhalte von Kap. 5 die eigene Publikation zusammenfassen und erweitern, wird auf deren Angabe als Literaturquelle im weiteren Verlauf verzichtet. Eine Patentanmeldung für eine Vorrichtung zur optischen Untersuchung eines Kontaktstifts eines elektrischen Steckers wurde eingereicht [A_DOE16b].

5.1 Herausforderungen bei der Beurteilung und Absicherung

Moderne Automobile verfügen über eine Vielzahl an Steuergeräten, Sensoren, Aktuatoren und Leitungsverbindungen (Abb. 5.1). Im Bordnetz sind daher Leitungslängen bis zu 6 km keine Seltenheit [RIC09]. Um alle Komponenten elektrisch sicher aber zugleich trennbar miteinander zu verbinden, kommen Steckverbindungen zum Einsatz.

Gerade im Umfeld von Verbrennungsmotoren müssen elektrische Steckkontakte hohe Anforderungen aufgrund Vibrations- und Umweltbelastungen ertragen [ZIM16]. Vibrationsanregung kann z. B. über das Bauteil oder den Leitungssatz in den Steckkontakt eingeleitet werden und dort als mechanische Beanspruchung

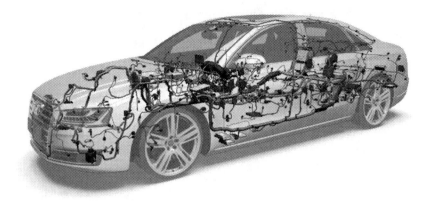

Abb. 5.1 Exemplarische Darstellung der Leitungssätze in einem modernen Fahrzeug. (Aus [AUD17a]; mit freundlicher Genehmigung von © AUDI AG 2017. All Rights Reserved)

zu Gleitvorgängen, Kontaktverschleiß und letztlich einem elektrischen Ausfall der Verbindung führen. Der durch Vibrationen oder Temperaturwechsel verursachte Verschleiß und die daraus resultierende Oxidation der Kontaktstelle mit Widerstandserhöhung können teilweise bei Aktuatoren zu unzulässig hohen Strömen mit thermischer Überlastung der Verbindung bis hin zum Schmelzpunkt der Werkstoffe, teilweise bei Sensoren zu Fehlerspeichereinträgen in Steuergeräten und unplausiblen Signalen führen. Durch Kontaktverschleiß hervorgerufene Fehlerspeichereinträge in Onboard-Diagnosesystemen des Fahrzeugs werden oft als Defekte an den betroffenen elektrischen Komponenten interpretiert, sodass sich die Fehlersuche und -behebung in Service-Werkstätten z. T. als schwierig erweisen [REI10].

Für die Betriebsfestigkeitsanalyse elektrischer Steckkontakte in der Fahrzeugentwicklung ist daher ein geeigneter Beurteilungs- und Absicherungsprozess erforderlich, wobei die relevanten Einflussgrößen und ihre Auswirkungen auf die Vibrationsbeständigkeit zu berücksichtigen sind. Betriebsfestigkeit bezieht sich also in diesem Thema nicht nur auf die „klassische" Bemessung gegen Riss und Bauteilversagen im Sinne von *Gaßner* [GAS39], sondern schließt als heutige Interpretation auch den Verschleiß infolge von Vibrationsanregung explizit mit ein (siehe Abschn. 3.1) [SON08].

Die direkte Messung von Beanspruchungen in der Steckverbindung ohne Systembeeinflussung und eine daraus abgeleitete Festigkeitsbeurteilung sind nur äußerst

schwer möglich. Durch die zunehmende Miniaturisierung von Sensor- und Aktua-
torsteckverbindungen oder aber durch hohe Spannungen bzw. Ströme bei größeren
HV-Steckverbindern werden Messungen und Analysen zusätzlich erschwert. In
einem Fahrzeug mit elektrifiziertem Antriebstrang findet sich eine große Varianten-
vielfalt von Kontaktsystemen mit unterschiedlichen Kontaktbreiten (Abb. 5.2).

Der Trend der zunehmenden Miniaturisierung der Steckkontakte führt zu
Beanspruchungsprozessen und Schädigungsketten über mehrere Größenskalen
hinweg, von der Kontaktoberfläche bis hin zum Motor bzw. Gesamtfahrzeug.

Der Aufbau elektrischer Steckkontakte und deren Integration in das Fahrzeug
können im Sinne eines geometrischen Multilevel-Ansatzes verstanden werden,
der sich über mehrere Ebenen der Größenskala hin erstreckt (Abb. 5.3, siehe
Abschn. 3.3.2).

Daher ist es notwendig, auch die Betriebsfestigkeitsanalyse von elektrischen
Steckkontakten in einem Multilevel-Ansatz entlang des hierarchischen Aufbaus der Steckverbinder in Mikro-, Meso- und Makroebene durchzuführen.
Simulationsverfahren, Validierungsversuche und Beanspruchbarkeitsanalysen
erstrecken sich über mehrere Ebenen und sollen in einer integralen Betrachtung
dazu beitragen, Systemverständnis aufzubauen, Einflussparameter zu identifizieren und den Analyse- und Absicherungsprozess zu optimieren.

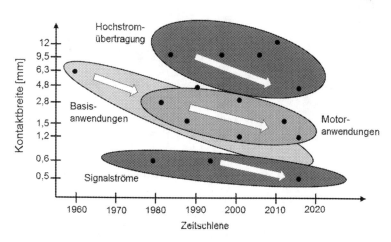

Abb. 5.2 Kontaktbreiten von Steckkontaktsystemen für verschiedene Anwendungen

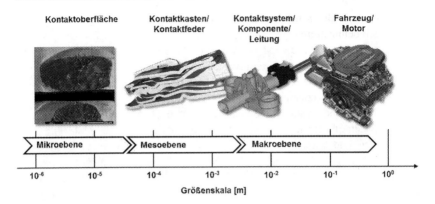

Abb. 5.3 Exemplarische Darstellung der Größenordnungen verschiedener Ebenen in der Multilevel-Absicherung der Betriebsfestigkeit elektrischer Steckkontakte. (Einzelbilder mit freundlicher Genehmigung von © AUDI AG 2017. All Rights Reserved)

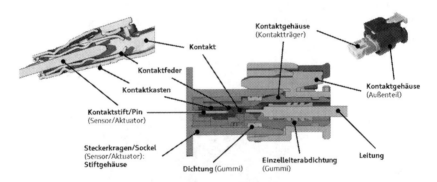

Abb. 5.4 Aufbau einer Steckverbindung mit zweipoligem Kastenkontakt. (Aus [A_DOE16]; mit freundlicher Genehmigung von © DVM Berlin 2016. All Rights Reserved)

5.2 Aufbau und Komponenten von Steckkontakten

Im Rahmen dieser Arbeit wird exemplarisch ein zweipoliger Kastenkontakt mit 1,2 mm Kontaktstiftbreite betrachtet. Der elektrische Steckkontakt besteht aus einem leitungssatzseitigen Kontaktgehäuse („weiblicher Teil") und einem komponentenseitigen Stiftgehäuse („männlicher Teil"). Der Innenaufbau beider Seiten des Steckkontakts ist in Abb. 5.4 dargestellt. Dieses Kontaktsystem kommt aktuell für Signal-, Sensor- und kleinere Aktuatoranwendungen in modernen Fahrzeugen bei mehreren OEM zum Einsatz.

Insbesondere im Umfeld von Verbrennungskraftmaschinen mit erhöhten Anforderungen bezüglich Vibrationsanregung findet er auch in höherpoligen Ausführungen Verwendung.

Da viele elektrifizierte Fahrzeuge auch über eine VKM verfügen (siehe Abschn. 3.2.2) und diese zur Einhaltung steigender Emissions- und Effizienzanforderungen immer höhere Anforderungen an Sensorik und Aktuatorik für Regelbarkeit und Variabilität im Betrieb erfüllen muss, nimmt die Anzahl der Steckkontakte bei hochentwickelten VKM zu (Abb. 5.5). So besitzt etwa ein aktueller 8-Zylinder-Ottomotor mit Turboaufladung, Direkteinspritzung und Zylinderabschaltung mehr als 36 Sensoren und 71 Aktuatoren [SSP12]. Erst bei vollelektrischen BEV geht durch den Wegfall der VKM die Anzahl der Steckkontakte, die hohen Vibrationsbelastungen ausgesetzt sind, wieder zurück.

Allen elektrifizierten Fahrzeugen mit Hochvoltspeichern ist jedoch gemein, dass im Vergleich zu konventionellen Antrieben zusätzlich Hochvoltsteckkontakte und -verbindungen zwischen und innerhalb der hochspannungsführenden

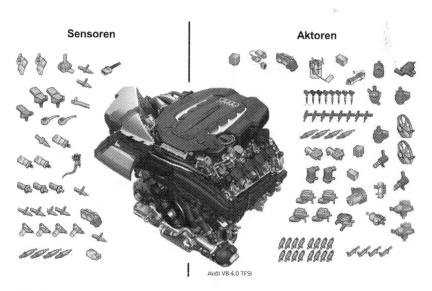

Abb. 5.5 Exemplarische Darstellung der Sensoren und Aktoren bei einer modernen Verbrennungskraftmaschine. (Einzelbilder adaptiert nach [SSP12]; mit freundlicher Genehmigung von © AUDI AG 2012. All Rights Reserved)

Komponenten notwendig sind [FAU13]. In ihrem Detailaufbau unterscheiden sich diese automobilen HV-Steckverbinder natürlich untereinander und im Vergleich zu den im Rahmen dieser Arbeit betrachteten Kastenkontakten für den Niedervoltbereich. Grundlegende Vorgehensweisen und Konzepte zur Betriebsfestigkeitsabsicherung mittels Multilevel-Ansatz können aber natürlich ohne Beschränkung der Allgemeinheit auf abweichende Systeme übertragen und angepasst werden. Gleiches gilt für NV-Kastenkontakte mit anderem Innenaufbau, abweichenden Stiftbreiten oder differierenden Polzahlen.

Komponentenseitig befindet sich bei dem Kontaktsystem nach Abb. 5.4 das Stiftgehäuse mit den Kontaktstiften/Pins und leitungssatzseitig das Kontaktgehäuse mit den Kontakten. Während die Stifte meist fest im Stiftgehäuse der Komponente vergossen sind, liegen die Kontakte spielbehaftet in einer Kammer des Kontaktgehäuses, fixiert durch Rastmechanismen der Primär- und Sekundärverriegelung. Zwei Dichtungen verhindern das Eindringen von Fremdkörpern und Feuchtigkeit in den Kontakt. Zum Ausgleich von Toleranzen liegt zwischen der Kammer und den Kontakten ein leichtes Spiel vor, welches insbesondere in axialer Richtung eine Relativbewegung zwischen Kontakt und Kontaktgehäuse ermöglicht. Dadurch ergeben sich unterschiedliche geometrische Anlagesituationen mit großem Einfluss auf mögliche Bewegungsformen im Betrieb sowie auf die Simulation.

Die elektrische Verbindung erfolgt bei dem hier betrachteten Kontaktsystem durch vier Kontaktfedern im Kontaktkasten, zwei auf der Ober- und zwei auf der Unterseite des Stifts. Durch den Steckvorgang werden die Federn vorgespannt und erzeugen eine Kontaktnormalkraft auf den Stift. Dadurch, dass jede Kontaktfeder wiederum an zwei Stellen auf dem Stift aufliegt, ergeben sich in Summe acht elektrische Kontaktpunkte (Abb. 5.6). Dies dient der Robustheitssteigerung.

Die Bauteile im Kontaktsystem unterliegen Form- und Lagetoleranzen, wie z. B. einer möglichen Schiefstellung aus dem Crimpvorgang des Kontaktkastens an den Leitungssatz. Die vier Kontaktfedern werden damit im gesteckten Zustand nicht gleichmäßig belastet, es kommt zu unterschiedlichen Normalkräften an den Kontaktpunkten zwischen Federn und Stift. Im Extremfall entsteht, sogar unter Einhaltung der für den Crimpvorgang zulässigen Toleranzen, bei einem Teil der Kontaktpunkte ein Luftspalt zwischen Feder und Stift (Abb. 5.7).

Auch wenn aufgrund der Redundanz der Kontaktpunkte zunächst keine Auswirkung auf den elektrischen Widerstand vorliegt, kann dies die Vorgänge innerhalb des Kontakts insbesondere bei Vibrationsanregung beeinflussen.

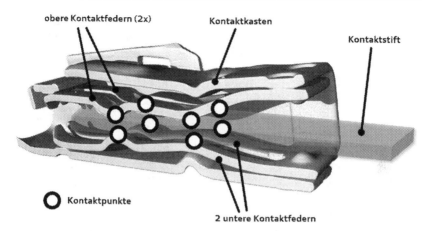

Abb. 5.6 Kontaktpunkte zwischen Kontaktstift und Kontaktfedern. (Mit freundlicher Genehmigung von © AUDI AG 2016. All Rights Reserved)

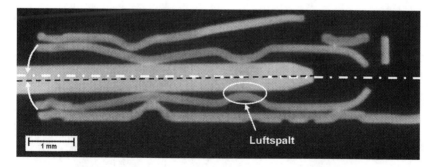

Abb. 5.7 Schnittdarstellung des Steckkontakts im gesteckten Zustand, CT-Aufnahme. (Aus [A_DOE16]; mit freundlicher Genehmigung von © DVM Berlin 2016. All Rights Reserved)

5.3 Belastungen auf Steckkontaktsysteme

Elektrische Steckkontaktsysteme erfahren gerade im Umfeld eines Verbrennungsmotors viele Belastungen, wie z. B. durch Feuchtigkeit, Schmutz, Salz, Öl, Kraftstoff, Temperaturen sowie mechanische Vibrationen infolge von Straßen- und Motoranregung. Umfangreiche Prüfvorschriften tragen diesen Umweltbelastungen

Rechnung [BAU10]. Im Folgenden liegt der Fokus auf Vibrationsbelastungen, die bei der VKM sehr breitbandig bis über 2500 Hz auftreten können (Abb. 5.8). Die Anregung setzt sich dabei aus harmonischen (verursacht z. B. durch Kurbel- und Ventiltrieb) und stochastischen Anteilen (z. B. aus Verbrennungsprozessen) zusammen. Auch am Motor verbaute Aktuatoren können lokale Schwingungsanregung verursachen. Impulsförmige Schaltvorgänge einer Kraftstoff-Hochdruckpumpe führen etwa zu breitbandiger Systemanregung mit Auswirkungen auf die Steckverbindung der Komponente.

Insbesondere bei Komponenten, die nicht direkt am Grundmotor, sondern an Motoranbauteilen verbaut sind, kann sich aus den einzelnen Transmissibilitäten der Bauteile sowie aus den geometrischen Hebelverhältnissen eine sehr große Beschleunigungsüberhöhung vom Motor hin zur Steckverbindung ergeben (Abb. 5.9).

Zusätzlich zu Vibrationen auf der Komponentenseite führen auch Leitungsbewegungen zu Belastungen im Kontaktsystem. Grund dafür können Resonanzschwingungen der freien Leitungslänge oder Zwangsbewegungen der Leitung sein.

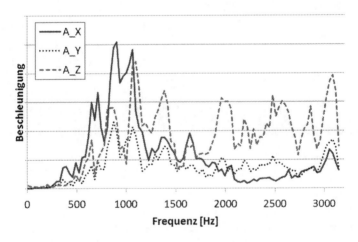

Abb. 5.8 Exemplarische Darstellung von Amplitudenspektren von Beschleunigungen in drei Raumrichtungen (Peak-Hold-FFT), die auf dem Stiftgehäuse einer Komponente im gesamten Motordrehzahlbereich gemessen wurden. (Aus [A_DOE16]; mit freundlicher Genehmigung von © DVM Berlin 2016. All Rights Reserved)

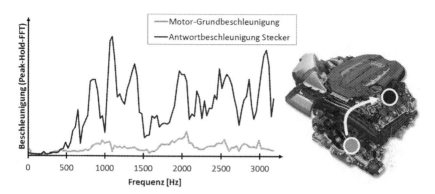

Abb. 5.9 Exemplarischer Vergleich von Amplitudenspektren von Beschleunigungen in einer Raumrichtung (Peak-Hold-FFT) auf einer Komponente am Zylinderkopf (Antwortbeschleunigung Stecker) und am Zylinderkurbelgehäuse des Motors (Motor-Grundbeschleunigung). (Mit freundlicher Genehmigung von © AUDI AG 2016. All Rights Reserved)

5.4 Mechanische Beanspruchungen und Schädigungsmechanismen

Die an der Steckverbindung anliegende, äußere Belastung führt zu einer inneren mechanischen Beanspruchung in Leitung, Crimpverbindung und den Kontaktbereichen. Die zwischen den Kontaktpartnern wirkenden Kräfte und Spannungen können prinzipiell durch folgende Mechanismen M1 bis M4 induziert werden:

M1) von außen induzierte Zwangsbewegungen,
M2) von außen induzierte Schwingungen,
M3) Schwingungen von Bauteilen im Inneren der Steckverbindung,
M4) thermische Dehnungen der Bauteile der Steckverbindung.

Hier werden insbesondere die durch mechanische Belastungen hervorgerufenen Beanspruchungen betrachtet. Bei dem untersuchten Kontaktsystem ist darüber hinaus keine Auswirkung von Schwingungen im Inneren der Steckverbindung auf die Beanspruchungen erkennbar. Es findet daher eine Fokussierung auf die Mechanismen M1 und M2 statt.

Abweichend zu [DIJ98] wird auch der Steck-/Löseprozess der Verbindung außen vor gelassen. Dabei kommt es zwar auch zu systemimmanenten Schädigungen der

Kontaktoberflächen, die Ursache für die dabei wirkenden Kräfte resultiert jedoch nicht aus Vibrationsbelastungen.

Effekte innerhalb der Leitung (z. B. Drahtbruch infolge mechanischer Belastungen) werden bei den Untersuchungen im Rahmen dieser Arbeit nicht betrachtet und müssen ggf. gesondert behandelt werden.

Hauptaufgabe eines elektrischen Steckkontakts ist die niederohmige elektrische Verbindung zweier Leiter. Eine Beurteilung der Funktionsfähigkeit der Steckverbindung erfolgt daher erstrangig über die Messung des elektrischen Widerstands. Nach [BAU10] ergibt sich z. B. für das untersuchte Kontaktsystem ein zulässiger Grenzwert von maximal 15 mΩ. Der gesamte Durchgangswiderstand der Verbindung setzt sich dabei aus der Reihenschaltung von Kontakt- und Crimpdurchgangswiderstand zusammen. In ersteren fließen die durch Werkstoffaufbau und Geometrie bedingten Widerstände der Kontaktpartner sowie der Übergangswiderstand dazwischen ein. Gedanklich lässt sich der Übergangswiderstand als eine Parallelschaltung von kontaktierten Spitzen der Oberflächenrauheit der Kontaktflächen verstehen.

Eine dynamische oder im Trend sichtbare Erhöhung des Übergangswiderstands ist prinzipiell durch zwei Mechanismen denkbar:

R1) Abheben der Kontaktpartner, d. h. Verringerung der Kontaktnormalkraft bis zur vollständigen Trennung der Oberflächen,

R2) Veränderung der Oberflächen durch Reibkorrosion bis hin zur Ausbildung einer trennenden, nicht leitenden Schicht.

Bei den hier durchgeführten Untersuchungen konnte kein Anhaltspunkt für eine Schädigung nach R1 gefunden werden. Die Schädigungskette für den Mechanismus R2 stellt sich von der äußeren Vibrationsbelastung aufgrund Motoranregung über die innere Beanspruchung zwischen den Kontaktpartnern bis hin zum elektrischen Ausfall gemäß Abb. 5.10 dar.

Entscheidend ist das Auftreten einer Relativbewegung zwischen den Kontaktpartnern. Durch ein Gleiten der Kontaktflächen kommt es zur Aufschiebung und Umlagerung von Oberflächenmaterial, schließlich zum Abtrag und damit zum Verschleiß in Form von Reibkorrosion [VDI04]. Je nach Größe der Relativbewegung setzt das Gleiten jedoch nicht sofort ein. Kleinere Relativbewegungen werden durch die Elastizität in der Kontaktfeder kompensiert, die Oberflächen haften noch komplett. Dieser Effekt wird auch in [DIJ96] berichtet, wobei hier eine Grenze von ca. 1 μm genannt wird. Bis zu einer Relativbewegung von ca. 5–10 μm spricht man dann vom partiellen, darüber hinaus vom vollflächigen Gleitmodus [ANT99, DIJ02]. Durch die gebogene Oberfläche der Kontaktfedern

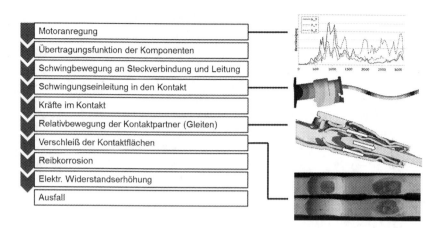

Abb. 5.10 Schädigungskette für elektrische Steckkontakte unter Vibrationsanregung. (Aus [A_DOE16]; mit freundlicher Genehmigung von © DVM Berlin 2016. All Rights Reserved)

kommt es im Kontaktbereich zwischen Feder und Pin zu einer über die Kontaktfläche nach außen hin abnehmenden Flächenpressung. Wird ein Gleiten nur bei Überschreitung der lokalen Haftbedingung

$$F_R = \mu \cdot F_N \tag{5.1}$$

mit Reibkraft F_R, Haftreibungszahl μ und Normalkraft F_N angenommen, so können im partiellen Gleitmodus bereits äußere Bereiche unter kleinerer Flächenpressung lokal gleiten, während das Zentrum der Kontaktfläche noch haftet.

Im vollflächigen Gleitmodus mit typischen Gleitwegen von ca. 10–100 µm verliert dann die gesamte Kontaktfläche ihre Haftung und die Kontaktpartner gleiten relativ zueinander. Für den Verschleiß der Kontaktflächen (fretting wear) wird insbesondere dieser vollflächige Gleitmodus als kritisch betrachtet [KIM13].

Abhängig vom Aufbau der Kontaktfedern bzw. des Kontaktstifts besteht das Grundmaterial häufig aus einer Cu-Ni-Si-Legierung. Daran schließen sich z. B. eine dünne Verbindungs-/Sperrschicht und dann das eigentlich Oberflächenmaterial (Sn, Ag oder Au) an. Bei Steckverbindungen unter Vibrationsanregung wird häufig das edle Ag verwendet, da es eine relativ große Robustheit gegenüber Abtrag durch Gleitbewegungen besitzt [ABD09].

Wird durch Gleiten und Verschleiß das Oberflächenmaterial entfernt, so kommt nach der Verbindungsschicht das unedle Grundmaterial zum Vorschein.

Dies wurde hier am Beispiel einer Ag-beschichteten Kontaktfeder in ortsaufgelöster EDX-Analyse im schadensrelevanten Kontaktbereich über die Detektion von Cu-Oxid festgestellt (Abb. 5.11). In ungeschädigten Bereichen liegt weiterhin die Ag-Beschichtung vor. Die nicht leitfähigen Cu-Oxide bilden eine elektrische Isolationsschicht [HOR04]. Deren Aufbau wird durch weitere Gleitvorgänge mit Materialabtrag begünstigt und als Reibkorrosion bezeichnet (fretting corrosion) [VDI04]. Dadurch kommt es zu einer elektrischen Widerstandserhöhung, zu Schadensmechanismus R2 und schließlich zum Ausfall der Steckverbindung. Die Auswirkungen der Reibkorrosion auf die Beanspruchbarkeit sind komplex und neben der Lastwechselzahl z. B. auch stark von der Einwirkzeit abhängig, da es sich bei der Oxidation um einen zeitabhängigen Vorgang handelt. So ist bei Ebene 0-Versuchen (siehe Abschn. 5.7) bei [ABD09] ein Einfluss der Prüffrequenz feststellbar, da eine niederfrequente Prüfung bei gleicher Lastwechselzahl mehr Zeit zur Ausbildung isolierender Schichten gibt.

Ein Anstieg im elektrischen Durchgangswiderstand ist die relevante Größe für eine Schädigung der Steckverbindung (Abb. 5.12). Die Widerstandserhöhung hängt dabei mit dem optischen Schadensbild der Kontaktflächen zusammen, korreliert aber oft nicht direkt, denn es existieren konstruktionsbedingt meist mehrere Kontaktflächen pro Steckverbindung. Diese sind elektrisch als eine Parallelschaltung zu sehen; erst bei einem Anstieg des Kontaktdurchgangswiderstands vieler Kontaktflächen kommt es zu einer merklichen Erhöhung des Durchgangswiderstands der gesamten Steckverbindung. Dies dient konstruktiv der Erhöhung der Robustheit der Verbindung, erschwert aber eine zerstörungsfreie

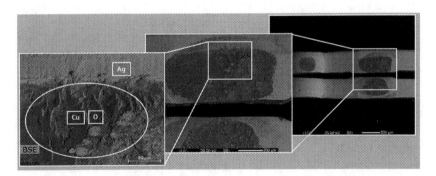

Abb. 5.11 Mikroskopische Aufnahmen einer verschlissenen Kontaktfläche (REM, 20 kV) und detektierte chemische Elemente an der Oberfläche. (Aus [A_DOE16]; mit freundlicher Genehmigung von © DVM Berlin 2016. All Rights Reserved)

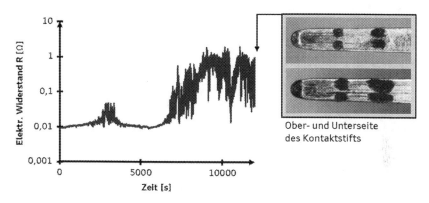

Abb. 5.12 Erhöhung des Kontaktdurchgangswiderstands durch Vibrationsprüfung und optisches Schadensbild der Kontaktflächen nach Prüfungsende. (Mit freundlicher Genehmigung von © AUDI AG 2016. All Rights Reserved)

Detektion fortschreitender Reibkorrosion während der Prüfung auf Basis einer elektrischen Widerstandsmessung. Durch die optische Analyse der Verschleißspuren bei noch vorhandenem Oberflächenmaterial lassen sich auch Erkenntnisse über die vorherrschende Relativbewegung der Kontaktpartner gewinnen.

5.5 Festigkeitsauslegung von Steckkontaktsystemen

Orientiert man sich an der Betriebsfestigkeitsanalyse und Bemessung klassischer, mechanisch beanspruchter Bauteile, so können in Anlehnung an die in Abschn. 3.1.4 gezeigten Bemessungsarten auch für Steckkontakte unter Vibrationsanregung zwei Festigkeitsauslegungsprinzipien unterschieden werden (Tab. 5.1).

Vorteil der dauerfesten Auslegung in Tab. 5.1 ist sicher die deutliche Reduktion der Komplexität, da zeitliche Vorgänge keine Rolle spielen, Reibkorrosion komplett vermieden und die Ermittlung zulässiger Beanspruchbarkeiten erleichtert wird [KIM14]. Dies wird jedoch durch eine mögliche Überdimensionierung des Kontaktsystems erkauft, da auch Anregungen mit geringer Häufigkeit im Betrieb volle Berücksichtigung im Test finden. Zur Absicherung der Betriebsfestigkeit elektrischer Steckkontakte nach den beiden o. g. Auslegungsprinzipien ist die Ermittlung der im Kontaktsystem wirkenden Beanspruchungen und der für das Kontaktsystem maximal zulässigen Beanspruchbarkeiten erforderlich. Aufgrund des Aufbau des Steckkontakts und

Tab. 5.1 Auslegungsprinzipien für Steckkontakte unter Vibrationsbeanspruchung

Auslegung	Gleiten im Kontakt	Verschleiß	Lebensdauer	Auslegungsbasis
„Dauerfest"	Äußere Belastungen und daraus resultierende Kräfte im Inneren führen **nicht** zu einem **vollflächigen Gleitmodus** in der Kontaktfläche	Dadurch werden **Verschleiß**, Reibkorrosion und elektrische Widerstandserhöhung **verhindert**	Die Steckverbindung ist **„dauerfest"** und erträgt die mechanischen Vibrationen „unendlich lange"	Haftgrenze der Kontaktpartner
„Betriebsfest"	Äußere Belastungen und daraus resultierende Kräfte im Inneren verursachen zeitweise **vollflächiges Gleiten**	Dadurch **entstehen Verschleiß** und später auch Reibkorrosion. Neben der Lastspielzahl spielt auch die zeitliche Einwirkung eine Rolle für die elektrische Widerstandserhöhung	Die Steckverbindung ist **„betriebsfest"** und erträgt die mechanischen Vibrationen „eine bestimmte Zeit" mit entsprechendem Verschleiß	Verschleißakkumulation

dessen Anbindung an das Fahrzeug über mehrere Ebenen einer geometrischen Multilevel-Struktur (Abb. 5.3) sollten auch die Ermittlung der Beanspruchungen (siehe Abschn. 5.6) und der Beanspruchbarkeiten (siehe Abschn. 5.8) unter Einsatz eines Multilevel-Ansatzes entlang der Mikro-, Meso- und Makroebenen erfolgen.

5.6 Ermittlung der Beanspruchungen

Zur Betriebsfestigkeitsanalyse eines Steckkontaktsystems gegenüber Vibrationsanregung ist die Ermittlung der Vibrationsbelastungen auf den Kontakt, aber auch der daraus resultierenden Beanspruchungen im Kontakt, die schließlich zu einer Schädigung gemäß der Schädigungskette (Abb. 5.10) führen, notwendig. Im Hinblick auf den Multilevel-Charakter der Problemstellung sollte die Belastungs- und Beanspruchungsermittlung ebenso wie die Beanspruchbarkeitsermittlung auf verschiedenen Ebenen erfolgen (Abb. 5.3).

Versuchstechnische Methoden zur Belastungs- und Beanspruchungsermittlung sind anhand der folgenden Fragestellungen zu analysieren und evaluieren:

- Ist das Verfahren am befeuerten Motor mit funktionsfähiger Komponente einsetzbar?
- Ist die Methode einfach anwendbar und gut reproduzierbar?
- Kann das Verfahren auch für Grundlagenuntersuchungen zur Verbesserung des Systemverständnisses genutzt werden?
- Ist die Methode auch bei sehr kleinen Komponenten und bei komplexer Zugänglichkeit nutzbar?
- Wird das Gesamtsystem durch die Anwendung des Verfahrens nur geringstmöglich beeinflusst?

Im Rahmen dieser Arbeit wurden verschiedene Messverfahren, die außen am Kontaktsystem Anwendung finden (Abschn. 5.6.1), computertomografische Analysen (Abschn. 5.6.2) sowie Messverfahren für das Innere des Kontakts (Abschn. 5.6.3) analysiert bzw. selbst entwickelt und an praktischen Beispielen zur Anwendung gebracht.

5.6.1 Messungen am Kontaktsystem

Zur Bestimmung der Vibrationsbelastung auf eine Steckverbindung wird nach aktuellem Stand der Technik meist nur die Beschleunigung außen am Stiftgehäuse der Komponente mittels Beschleunigungssensor im Motorbetrieb gemessen. Dies ist bezüglich Messaufwand einfach und reproduzierbar möglich. Die Auswertung der Messdaten und die Überführung in Beschleunigungs- und Prüfspektren kann im Zeit- oder Frequenzbereich erfolgen, wobei auf die schädigungsäquivalente Abbildung der Betriebsbelastungen zu achten ist [DEC09].

Viele Einflussfaktoren auf die Gesamtbelastung der Steckverbindung bleiben dabei jedoch unberücksichtigt.

Die Schwingung der Anschlussleitung kann z. B. nur schwer gemessen werden, da übliche Messaufnehmer mit Massen ab ca. 0,8 g und eigenem Messkabel eine zu große Systembeeinflussung hervorrufen. Optische Messverfahren scheiden in der Praxis meist aufgrund zu hoher Komplexität, mangelnder Zuverlässigkeit für Messungen im Motorraum und schlechter Zugänglichkeit von Komponenten und Messstellen aus.

Unter Laborbedingungen wie etwa am Shaker lassen sich Gehäuse- und Leitungsbewegungen gut mittels Laservibrometer erfassen, ohne das Schwingungsverhalten des Systems zu beeinflussen (Abb. 5.13). Ein besonderes Augenmerk muss dabei auf der Fixierung der Leitung des Kontaktsystems liegen, da z. B. axiale Einspannungen einen großen Einfluss auf das Schwingungsverhalten der freien Leitung besitzen. Wie in Abb. 5.14 erkennbar, treten verschiedene Leitungs- und Steckereigenformen auf, die von Steifigkeit und Dämpfung von Leitung, Kontakt- sowie Stiftgehäuse abhängen.

Zudem besitzen die Leitungsart (Typ, Querschnitt, Isolation), die Leitungsverlegung und der Einsatz von Leitungsummantelungen (Glasseidenschlauch, Wickelband) und Designkappen einen Einfluss auf das Schwingungsverhalten.

5.6.2 Computertomografische Analysen

Die Messung des Schwingungsverhaltens eines Kontaktsystems mittels Beschleunigungssensoren oder optischer Verfahren beschreibt immer nur die von außen sichtbaren Belastungen. Dadurch kann bereits ein gewisser Rückschluss auf Beanspruchungen im Kontakt erfolgen, eine detailliertere Analyse der Vorgänge im Inneren ist jedoch nicht möglich. Für derartige Untersuchungen

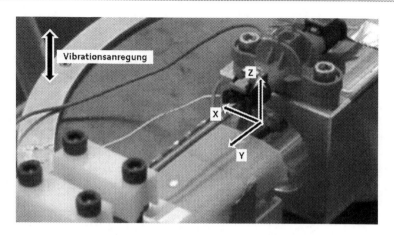

Abb. 5.13 Beschleunigungsmessung an Kontaktgehäuse und Leitungen mit Laservibrometer auf dem Shaker. (Adaptiert nach [A_DOE16]; mit freundlicher Genehmigung von © DVM Berlin 2016. All Rights Reserved)

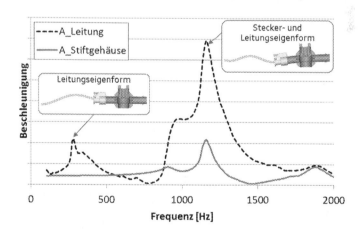

Abb. 5.14 Frequenzverhalten der Beschleunigungen an Leitung (gestrichelt) und Stiftgehäuse (durchgezogen) bei Messung mit Laservibrometer auf dem Shaker (harmonischer Anregungssweep mit konstanter Beschleunigungsamplitude). (Aus [A_DOE16]; mit freundlicher Genehmigung von © DVM Berlin 2016. All Rights Reserved)

bieten sich computertomografische Analysen (CT) an, da bei diesen Verfahren keine Systembeeinflussung stattfindet. Mittels CT gewonnene 2D- und 3D-Informationen lassen Rückschlüsse über den exakten Aufbau und die Geometrie des Kontaktsystems im Inneren zu (Abb. 5.15). Dadurch wird es möglich, FE-Netze direkt aus Bauteilen auch ohne CAD-Daten abzuleiten und reale Maß- und Lagetoleranzen zu berücksichtigen.

Die hochdynamische Untersuchung des höherfrequenten Schwingungsverhaltens eines Kontaktsystems ist aktuell im CT noch nicht möglich. Mittels In-situ-CT können jedoch Videos vom Inneren eines Kontaktsystems unter zyklischer Leitungsauslenkung mit bis zu 33 Bildern/s aufgezeichnet werden. Dazu werden die Leitungen durch eine servoangetriebene Vorrichtung in Querrichtung verschoben (Abb. 5.16).

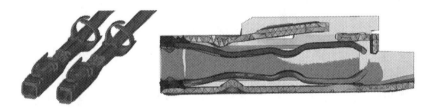

Abb. 5.15 CT-Aufnahme realer Kontakte mit Leitungen (links) und Ableitung eines FE-Netzes aus CT-Geometriedaten (rechts, Schnitt durch den Kontakt, überlagert dargestellt). (Aus [A_DOE16]; mit freundlicher Genehmigung von © DVM Berlin 2016. All Rights Reserved)

Bewegung durch Servoantrieb   **Zyklische Leitungsauslenkung**

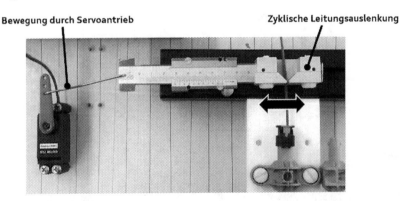

Abb. 5.16 Servoangetriebene Vorrichtung für zyklische Leitungsauslenkung im CT. (Mit freundlicher Genehmigung von © IABG mbH 2016. All Rights Reserved)

Die Verformung orientiert sich an den in Grundlagenversuchen am Shaker mittels Laservibrometer bei höheren Frequenzen ermittelten Wegen. Die quasistatische Bewegung unter Wegvorgabe kann dann hinsichtlich Kinematik als vergleichbar mit der hochdynamischen Bewegung aufgrund höherfrequenter Schwingungen angenommen werden. Dies wurde mittels Simulationen bestätigt (siehe Abschn. 5.6.4).

Beim untersuchten Kontaktsystem existiert also nur ein vernachlässigbarer Masseneinfluss der Bauteile im Kontakt. Der Fokus der Untersuchungen liegt auf der Detektion von beginnendem Gleiten der Kontaktpartner sowie von entstehenden Anlagepunkten zwischen Bauteilen. Der Kontaktkasten und die Leitung bilden unterschiedliche Biege- und Torsionsbewegungen aus. Wie in Abb. 5.17 erkennbar, wirken die Einzelleiterabdichtung der Leitung und die acht Kontaktpunkte zwischen Federn und Stift als kinematische Drehpunkte.

Eine zyklische Bildung neuer Anlagepunkte ist z. B. zwischen Kontaktkasten und Kontaktgehäuse möglich, jedoch von der Toleranzlage abhängig.

Leitungsummantelungen wie z. B. Wickelband verbinden die Leitungen bei einem mehrpoligen Steckkontakt schubsteif miteinander. Selbst bei geringer Querbewegung der Leitung kommt es aufgrund der Kinematik dann zu großen Längskräften an den Kontakten (sog. Schubstangeneffekt) und infolge dessen zu einer Relativbewegung zwischen Kontaktfedern und Kontaktstiften (Abb. 5.18).

Durch den Einsatz der In-situ-CT mit zyklisch bewegten Leitungen konnte der Schubstangeneffekt erstmals sichtbar gemacht werden. FE-Simulationen bestätigen ebenso wie Shaker-Prüfungen auf den Ebenen 1–3 (vgl. Abb. 5.25) die Ursachen und die schädigende Wirkung dieses Effekts. Im Rahmen dieser Arbeit gewonnene Erkenntnisse zu Leitungsummantelungen und deren Auswirkungen auf die Betriebsfestigkeit unter Vibrationsanregungen können bei der konstruktiven Gestaltung von Leitungssätzen Anwendung finden.

Abb. 5.17 In-situ-CT-Aufnahme bei Wegvorgabe der Leitung (Biegelinie mit zwei kinematischen Drehpunkten, vollflächiges Gleiten zwischen Kontaktfedern und Kontaktstift). (Aus [A_DOE16]; mit freundlicher Genehmigung von © DVM Berlin 2016. All Rights Reserved)

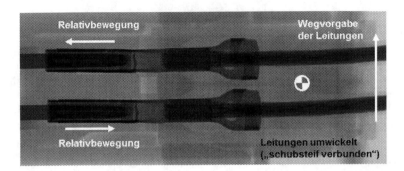

Abb. 5.18 Schubstangeneffekt bei verbundenen Leitungen. (Aus [A_DOE16]; mit freundlicher Genehmigung von © DVM Berlin 2016. All Rights Reserved)

5.6.3 Messung der Vorgänge im Inneren des Steckkontakts

Mittels In-situ-CT ist es möglich, die Vorgänge im Inneren eines Kontakts quasistatisch in einem Ersatzversuch bildlich bzw. qualitativ darzustellen (Abb. 5.17 und 5.18). Für die Bemessung eines Kontaktsystems gegenüber Vibrationsbeanspruchung müssen jedoch die Beanspruchungen im Kontakt quantitativ erfasst werden. Zu den großen Herausforderungen an ein geeignetes Messverfahren zählen die sehr geringe Systemgröße, die Systembeeinflussung durch präparierte Messteile, die oft schlechte Zugänglichkeit im Motorumfeld sowie die hochfrequente Dynamik vieler Vorgänge.

Eine Möglichkeit ist die Verwendung von Dehnmessstreifen (DMS) mit kleinem Messgitter zwischen Crimp und Kontaktkasten. Über die Leitung eingeleitete Belastungen können dadurch insbesondere in axialer Richtung detektiert werden (z. B. beim Auftreten des „Schubstangeneffekts", siehe Abschn. 5.6.2). Die Messung mit DMS kann in der Betriebsfestigkeitsanalyse als ein Standardverfahren zur Beanspruchungsermittlung gesehen werden. Als eine Herausforderung in der Anwendung bei Steckkontakten gilt die sehr geringe Systemgröße, die zur Nutzung sog. Mikro-DMS führt. Auch die DMS-Messung auf bestromten Steckkontakten für z. B. Aktuatoranwendungen stellt im Hinblick auf potenzielle Messstörungen Anforderungen an Isolation, EMV und Messtechnik.

Ein vollflächiges Gleiten der Kontaktpartner beeinflusst den Durchgangswiderstand, dessen direkte Messung jedoch nur bei unbestromter Steckverbindung möglich ist. Dadurch ist der Einsatz meist auf Ersatzversuche (z. B. am

Shaker) beschränkt. Sehr kleine Widerstandsänderungen und eine hohe Störanfälligkeit gegenüber elektromagnetischer Strahlung erschweren die hochdynamische Messung. Einfacher möglich ist die Messung des Trendwiderstands über 4-Leiter- oder Brückenmesstechnik, durch den ein bereits fortschreitender Verschleiß in der Steckverbindung detektiert werden kann [BAU10].

Im Rahmen der Arbeiten wurde ein neuartiges Verfahren zur direkten optischen Messung einer Relativbewegung der Kontaktpartner entwickelt. Das Messprinzip ist in Abb. 5.19 skizziert. Ein ungeordnetes Lichtleiterbündel wird durch eine kleine Bohrung im Stiftgehäuse so positioniert, dass sich das offene Ende über der Übergangsstelle zwischen Stift und Kontakt befindet, beide jedoch nicht berührt. Durch eine Schwarzfärbung des Kontakts besitzt dieser einen vom Stift abweichenden Reflexionsgrad.

Wird nun durch einen Teil der Lichtleiter Licht auf die Übergangsstelle geleitet, dann lässt sich der andere Teil der Lichtleiter zur Messung der Helligkeit des reflektierten Lichts nutzen. Der eingefärbte Kontakt wirkt wie eine Blende, die bei Bewegung eine Helligkeitsänderung hervorruft. Somit reagiert das Messsystem direkt auf eine Relativbewegung. Nachteilig an diesem Messverfahren ist die aufwendige Applikation des Stiftgehäuses, das durch die Einbringung der Öffnung und die Fixierung der Lichtleiter auch in seinem Schwingungsverhalten beeinflusst wird. Außerdem lassen sich nur axiale Bewegungen des Kontakts detektieren, da eine Drehbewegung quasi keine Helligkeitsänderung hervorruft.

Mithilfe dieses faseroptischen Messverfahrens können Relativbewegungen der Kontaktpartner gut quantitativ detektiert und auf Eigenformen des Kontaktgehäuses bzw. der Leitungen als Ursachen zurückgeführt werden (Abb. 5.20).

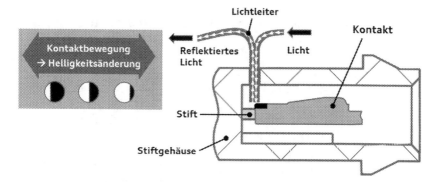

Abb. 5.19 Messprinzip zur optischen Messung der Kontaktbewegung. (Aus [A_DOE16]; mit freundlicher Genehmigung von © DVM Berlin 2016. All Rights Reserved)

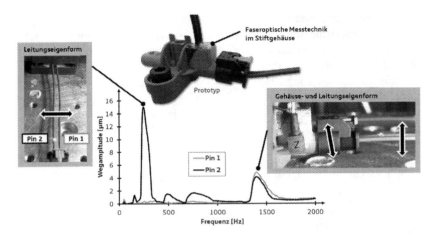

Abb. 5.20 Optische Messung der Kontaktbewegung in Abhängigkeit der Frequenz bei einem zweipoligen Kontakt unter Shaker-Anregung und Prototyp der faseroptischen Messtechnik (oben). (Mit freundlicher Genehmigung von © AUDI AG 2016. All Rights Reserved)

Auch lässt sich hier der Einfluss der Streuungen z. B. bei Anlageflächen und Kontaktnormalkräften verschiedener Kontaktstifte auf die Kontaktbewegung erkennen. Während Pin 1 bei der niederfrequenten Leitungseigenform noch haftet, kommt es bei Pin 2 bereits zu einer relevanten Kontaktbewegung mit ca. 15 µm Gleitweg.

5.6.4   Beanspruchungsermittlung durch Simulation

Die Analyse verschiedener Verfahren zur Beanspruchungsermittlung an Steckkontakten über Messungen außen am Kontaktsystem, computertomografische Analysen und Messungen im Inneren des Kontaktsystems zeigt, dass sich die in Abschn. 5.6 gestellten Anforderungen an ein Verfahren zur Belastungs- und Beanspruchungsanalyse nicht in einem einzigen Verfahren realisieren lassen. Vielmehr sind zur Beantwortung der Fragen verschiedene Verfahren auf Mikro-, Meso- und Makroebene des Multilevel-Ansatzes notwendig.

Um eine ganzheitliche Aussage zu Beanspruchungen eines elektrischen Kontaktsystems zu erhalten, sollte jedoch eine Verknüpfung der verschiedenen Verfahren stattfinden. Zur Verbindung der äußeren Messungen auf Makroebene des Motors, der CT-Analysen des Steckkontakts im Mesobereich und der

Wegmessungen im Inneren des Kontakts auf Mikroebene des Multilevel-Ansatzes besitzt die numerische Simulation einen großen Stellenwert (Abb. 5.21). Sowohl Untersuchungen zum grundlegenden Systemverständnis, zu Einflussgrößen und Toleranzauswirkungen als auch die indirekte Beanspruchungsermittlung aus externen Belastungsmessgrößen sind durch Finite-Elemente-Analysen möglich. Je nach Fragestellung kommen dazu unterschiedlich detaillierte Modelle inkl. Submodellen in nichtlinearen Kontakt- bzw. modalen Antwortanalysen zum Einsatz.

Die FE-Berechnungen zur Beanspruchungsermittlung bei Steckkontakten lassen sich in folgende Analysen unterteilen:

- Simulation der Montage
- Simulation des quasistatischen Verhaltens
- Simulation des dynamischen Verhaltens

Geeignete FE-Netze werden dazu z. B. aus 3D-CT-Aufnahmen realer Kontaktsysteme abgeleitet (siehe Abschn. 5.6.2) oder aus CAD-Modellen erzeugt.

In einem ersten Schritt werden die Bildung von Kontakten zwischen Dichtungen und Gehäuseteilen, die Verpressung der Dichtungen im Gehäuse sowie der Aufsteckvorgang und die Aufspreizung der Kontaktfedern auf den Kontaktstift im FE-Modell in einer Montageberechnung (Steckvorgang von Stift- und Kontaktgehäuse) abgebildet. Aus dieser nichtlinearen FE-Simulation lassen sich Kontaktnormalkräfte erhalten und es findet eine Detektion der Anlage- und Kontaktflächen im Kontaktsystem statt. Untersuchungen zeigen, dass die so in Abhängigkeit von Bauteiltoleranzen berechneten Kontaktnormalkräfte gut mit Messungen und Prüfungen übereinstimmen (Abb. 5.22).

Abb. 5.21 Die FEM-Simulation als verbindendes Element für verschiedene quantitative und qualitative Mess- und Analysemethoden zu Belastungs- und Beanspruchungsermittlung bei elektrischen Steckkontakten

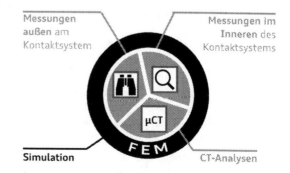

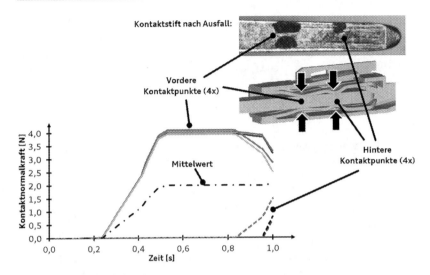

Abb. 5.22 Simulation der Kontaktnormalkräfte im Steckvorgang und Vergleich mit Kontaktstiftoberfläche nach Beanspruchbarkeitsanalyse am Shaker. (Mit freundlicher Genehmigung von © AUDI AG 2016. All Rights Reserved)

Für das untersuchte Steckkontaktsystem wird ersichtlich, dass die Normalkräfte an den vorderen vier Kontaktpunkten über den Normalkräften an den hinteren vier Kontaktpunkten liegen. Dies korreliert sehr gut mit der Beobachtung, dass nach Beanspruchbarkeitsversuchen die vorderen Kontaktpunkte oft größere Verschleißmarken als die hinteren vier Kontaktpunkte aufweisen (siehe auch Abschn. 5.8.1). Gleiten tritt aufgrund der im Vergleich zur Biegesteifigkeit hohen Axialsteifigkeit von Stift und Federn bei Längskräften im Kontakt immer an allen acht Kontaktpunkten auf. Bei einer höheren Kontaktnormalkraft „graben" sich die Kontaktpartner tiefer ineinander ein und hinterlassen dann größere Verschleißmarken.

Ergebnisse aus nichtlinearen Montageberechnungen dienen auch als Anfangsbedingungen für nachfolgende Simulationsschritte.

Aufbauend auf Montageuntersuchungen folgen in einem zweiten Schritt nichtlineare Analysen im Zeitbereich zur Simulation des quasistatischen Verhaltens. In diesen komplexen Simulationsmodellen werden Kontaktpaarungen sehr aufwendig modelliert. Als Ergebnisse können nähere Erkenntnisse über Kinematik bzw. Verformungen im Inneren des Kontakts und ein detailliert nachgebildeter Haft-/Gleitvorgang erhalten werden. Eine Validierung dieser FE-Modelle ist z. B. über einen Vergleich mit In-situ-CT-Aufnahmen (siehe Abschn. 5.6.2) möglich.

Durch eine Automatisierung des Modellaufbaus bzw. der Simulationen, die Nutzung von Prinzipien des maschinellen Lernens und der Entwicklung von Metamodellen können mit derartigen nichtlinearen Untersuchungen viele Erkenntnisse zum Einfluss von Toleranzlagen in Kontaktsystemen gewonnen werden. Im Rahmen dieser Arbeit wird darauf aber nicht näher eingegangen.

Durch die Nutzung von vereinfachten FE-Modellen ist die direkte Simulation des dynamischen Verhaltens des Kontaktsystems im Zeit- und Frequenzbereich möglich. Aus modal basierten Antwortanalysen lassen sich z. B. Erkenntnisse über das Schwingungsverhalten des Systems gewinnen (Abb. 5.23).

Die dazu benötigten dynamischen Eigenschaften der Bauteile (Steifigkeit, Dämpfung) wurden durch experimentelle Modalanalysen am Shaker ermittelt. Die Dämpfung ist in den Modellen als Materialdämpfung berücksichtigt, wobei für jedes Material ein individueller Dämpfungswert definiert wird. Die Dämpfungswerte entstammen z. B. Messungen des Übertragungsverhaltens in Grundlagenversuchen am Shaker. Eine Validierung der Simulationsergebnisse mit Messungen am Shaker und am Motor zeigt gute Übereinstimmungen (Abb. 5.24). Die Ermittlung von Kontaktreaktionskräften an den acht elektrischen Kontaktpunkten der Kontaktfedern erfolgt in modal transienten Antwortanalysen mittels virtueller Sensorbalkenelemente.

Die dort entstehenden Schub- bzw. Tangentialkräfte lassen sich den Kontaktnormalkräften gegenüberstellen. Unter Berücksichtigung der Haftreibungszahl kann so eine Überschreitung der Haftreibung detektiert ("dauerfeste Auslegung", siehe Abschn. 5.5) bzw. per Zählverfahren für eine bestimmte Betriebsdauer gezählt werden ("betriebsfeste Auslegung"). In den Simulationen wurden auch unterschiedliche Anregungen von Stiftgehäuse und Leitung betrachtet. Hier geht die Empfehlung in Richtung einer Worst-Case-Abschätzung, da die benötigten Eingangsgrößen oft nicht zur Verfügung stehen.

Ein Vergleich mit Ergebnissen aus CT-Analysen und Versuchen auf unterschiedlichen Ebenen (siehe Abschn. 5.8) zeigt gute Übereinstimmungen. So können die Beanspruchungen im Inneren des Kontakts unter Berücksichtigung der

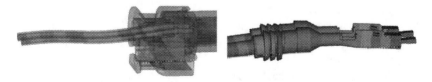

Abb. 5.23 Finite-Elemente-Simulation der Schwingung von Leitung (links) und Kontakt (rechts). (Aus [A_DOE16]; mit freundlicher Genehmigung von © DVM Berlin 2016. All Rights Reserved)

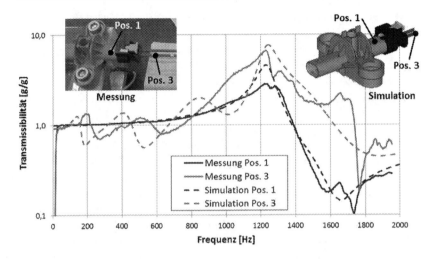

Abb. 5.24 Vergleich der Transmissibilitäten aus Messung (durchgezogen, Frequenzgang-analyse auf Shaker) und Simulation (gestrichelt) an Stiftgehäuse (schwarz) und Leitung (grau). (Aus [A_DOE16]; mit freundlicher Genehmigung von © DVM Berlin 2016. All Rights Reserved)

Randbedingungen auf Basis äußerer Belastungsmessungen vorhergesagt und die Auswirkungen von z. B. Toleranzen und Varianten qualitativ und teils sogar quantitativ beurteilt werden. Eine wichtige Erkenntnis aus den Simulationen ist der große Einfluss der Leitung auf die Beanspruchungen im Kontakt. Leitungs-schwingungen pflanzen sich beim untersuchten Kontaktsystem nur wenig gedämpft in das Innere fort und führen teils zu hohen Beanspruchungen. Durch Optimierung der Kontaktsysteme hinsichtlich Leitungsklemmung im Kontakt-gehäuse können diese Beanspruchungen z. T. deutlich reduziert werden. Freie Schwingungen im Inneren des Kontaktes spielen beim untersuchten Kontakt-system hingegen keine Rolle.

5.7 Stand der Technik: Standardisierte Freigabeversuche und Tests am Motor

Zur Bemessung der Betriebsfestigkeit elektrischer Steckkontakte gegenüber Vibrationsanregung ist eine Beanspruchbarkeitsanalyse notwendig. Abhängig davon, ob als Auslegungsbasis die Haftgrenze der Kontaktpartner („dauerfeste Auslegung",

siehe Abschn. 5.5) oder eine Verschleißakkumulation („betriebsfeste Auslegung")
herangezogen wird, wird die Beanspruchbarkeit eines Steckkontakts entweder
als das Einsetzen einer Relativbewegung der Kontaktflächen (Auftreten von voll-
flächigem Gleitmodus) oder über die Auswirkungen von Relativbewegungen auf den
Verschleiß und die Reibkorrosion (Schädigung) definiert.

Bisherige Untersuchungen der Schwingfestigkeit von Steckkontakten, die
dann auch zur Freigabe dieser Bauteile herangezogen werden, basieren meist auf
Versuchen mit dem Steckkontakt unter standardisierten Aufbau- und Anregungsbedingungen („Normtests") [BAU10]. Dabei wird das Kontaktsystem in einer
idealisierten Umgebung mit originalem Kontaktgehäuse, aber vereinfachtem Lei-
tungssatzdummy sowie standardisiertem Test-Stiftgehäuse auf einem Shaker plat-
ziert und mit synthetischen Signalen (Rausch- oder Gleitsinussignale) angeregt.
Als beschreibende Größe des Normtests sowie als Mess- und Vergleichsgröße
in realen Einbau- und Belastungssituationen dient dabei die Beschleunigung des
Stiftgehäuses. Vorteil dieses standardisierten Test- und Freigabeverfahrens ist die
Unabhängigkeit von der konkreten Einbausituation des Steckkontakts am Motor
oder im Fahrzeug, d. h. eine direkte Verbindung zwischen Mesoebene des Kontakts und Makroebene des Gesamtfahrzeugs wird nicht hergestellt.

Durch starke Überhöhung der Anregung kann zwar nach diesem Verfahren
meist eine sichere Bemessung eines Systems unter realen Einbau- und Last-
bedingungen sowie unter Berücksichtigung großer möglicher Streuungen
erzielt werden. Nachteilig erweist sich aber häufig die dadurch bedingte Überdimensionierung für manche konkreten Belastungssituationen. Auch können vereinzelt besonders kritische Einbausituationen unter Umständen nicht ausreichend
abgeprüft werden. Detailaussagen, Einflussanalysen oder die Ermittlung genauer
Beanspruchbarkeitskennwerte sind nur schwer oder gar nicht möglich.

Im Gegensatz zu diesen standardisierten Freigabeversuchen auf Mesoebene
können in Applikationsversuchen auf Makroebene, also z. B. auf dem Motorprüfstand oder im Fahrzeug, alle Einflussgrößen und Wechselwirkungen korrekt
berücksichtigt werden. Die begrenzte Anzahl solcher Tests im Laufe eines Entwicklungsprozesses, die fehlende Möglichkeit zur Überhöhung der Anregung,
die lange Dauer und die hohen Kosten dieser Versuche erweisen sich aber als
nachteilig. Möchte man darüber hinaus genauere Beanspruchbarkeitskennwerte
ermitteln, so besteht die eigentliche Herausforderung in der großen Anzahl an
Einflussparametern auf das Gesamtsystem auf Makroebene, damit verbunden
in der großen Streuung der Ergebnisse sowie in der Messung der direkten
Beanspruchung während des Versuchs. Detaillierte Systemkenntnisse über die
Vorgänge im Kontaktsystem auf Meso- oder sogar Mikroebene zu erwerben ist so
fast unmöglich, es bleibt bei einer „Black Box".

Als Stand der Technik können also zusammenfassend zum einen standardisierte Freigabeversuche auf Mesoebene gesehen werden, die unabhängig von der konkreten Applikation des Steckkontakts sind und daher keine Verbindung zur realen Makroebene aufweisen. Zum anderen zählen reale Tests am Motor dazu, die wiederum auf Makroebene alle realen Einflussparameter berücksichtigen, durch eine fehlende Verbindung zur Mikroebene aber keine Rückschlüsse auf Ursachen-/Wirkungszusammenhänge des Kontaktsystems im Detail zulassen.

5.8   Multilevel-Ansatz zur Analyse elektrischer Steckkontakte

Um die nach dem Stand der Technik fehlenden Verbindungen zwischen Mikro-, Meso- und Makroebene bei der Betriebsfestigkeitsabsicherung von Steckkontakten herzustellen, wird ein neuartiger Multilevel-Ansatz zur Erprobung vorgeschlagen.

Dieser erstreckt sich über fünf Ebenen und deckt damit nahezu das gesamte, in Abb. 5.3 gezeigte Spektrum von der Kontaktoberfläche bis zum Einsatz des Steckkontakts am Motor ab (Abb. 5.25). Zur besseren Unterscheidung sind die Ebenen von 0 bis 4 durchnummeriert. Tests auf Ebene 0 liefern dabei Erkenntnisse zur oberen Mikro- und unteren Mesoebene, die Ebenen 1 bis 3 charakterisieren hauptsächlich die Mikroebene. Ebene 4 beschreibt Tests auf der Makroebene des Motors.

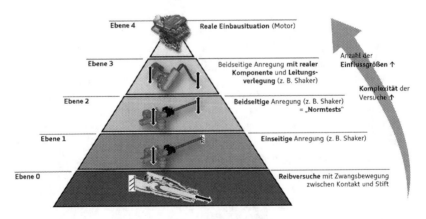

Abb. 5.25 Multilevel-Ansatz der Beanspruchbarkeitsanalyse elektrischer Steckkontakte. (Mit freundlicher Genehmigung von © AUDI AG 2016. All Rights Reserved)

Ziel des Multilevel-Ansatzes zur Beanspruchbarkeitsanalyse von Steck-kontakten ist die schrittweise Reduktion der Komplexität der Versuche und der Anzahl der Einflussgrößen. Dadurch soll eine reproduzierbare Aufbringung auch erhöhter Lasten ermöglichen werden. Eine genaue Beschreibung der unterschied-lichen Ebenen mit Angaben zu Prüfaufbau, Lastaufbringung, evtl. auftretenden Schwingungseffekten und Einflussgrößen ist in Tab. 5.2 dargestellt.

Versuche auf Ebene 0 können Grundlagenwissen über das Verschleiß- und Reibkorrosionsverhalten eines Kontakts und die Beanspruchbarkeit in Abhängig-keit von Basisgrößen wie Reibweg, Reibkraft oder Normalkraft erschließen (siehe Abschn. 5.8.2). Die in Abschn. 5.7 beschriebenen, standardisierten Frei-gabeversuche am Shaker nach dem Stand der Technik finden sich in Ebene 2 wieder. Ebenso nach dem Stand der Technik durchgeführte Dauerlauftests am Motorprüfstand oder unter realen Bedingungen im Fahrzeug entsprechen der Ebene 4. Wie auch in [JER07] für Versuche auf den Ebenen 0 und 2 diskutiert, können je nach Aufgabenstellung im Sinne des Multilevel-Ansatzes Tests aller verschiedener Ebenen kombiniert werden.

5.8.1 Beanspruchbarkeitsanalysen am Shaker

Im Rahmen eigener Untersuchungen wurden viele Analysen auf Ebene 1 auf elektromagnetischen Shaker-Prüfständen durchgeführt. Ein vereinfachtes Ersatz-Stiftgehäuse sowie ein originales Kontaktgehäuse mit zwei Kontakten und Leitungen sind dabei auf dem Shaker montiert und können uniaxial mit synthetischen Signa-len angeregt werden. Das zweite Leitungsende ist direkt neben dem Shaker ortsfest montiert. Der Prüfaufbau ähnelt dabei prinzipiell dem Messaufbau am Shaker zur Ermittlung der Beschleunigungen außen am Kontaktsystem (Abb. 5.13). Messun-gen der Beschleunigungen, Schwingwege (mittels Beschleunigungssensoren und optisch mittels Laservibrometer) und der Durchgangswiderstände, aber auch direkte Messungen der Relativbewegungen der Kontaktpartner bzw. von Dehnungen am Kontaktkasten wurden mit einem derartigen Versuchsaufbau durchgeführt (siehe Abschn. 5.6.1 und 5.6.3).

Im Unterschied zu einem Ebene 2-Versuch, bei dem auch das zweite Leitungs-ende auf dem Shaker montiert ist und immer gleichphasig mit angeregt wird, kann die Lasteinbringung bei einem Ebene 1 Versuch je nach Anregungs-frequenz von Zwangsbewegung der Leitung (Wegvorgabe bei niedriger Frequenz, ca. 20 Hz) über Leitungsresonanz (mittlere Frequenzen, ca. 50–600 Hz) bis hin zu Resonanzen des Stift- und Kontaktgehäuses (höhere Frequenzen, ca. 800–2000 Hz) flexibel variiert werden. Dadurch wird eine gezielte Einstellung der Einflussgrößen möglich.

Tab. 5.2 Nähere Beschreibung der Ebenen des Multilevel-Ansatzes der Beanspruchbarkeitsanalyse elektrischer Steckkontakten („+" = zusätzlich zur niedrigeren Ebene). (Aus [A_DOE16]; mit freundlicher Genehmigung von © DVM Berlin 2016. All Rights Reserved)

Ebene	Berücksichtigte Bauteile	Beschreibung	Lastaufbringung	Schwingungseffekte	Anzahl Einflussgrößen
0	Kontakt und Stift	Reibversuche mit Zwangsbewegung zwischen Kontakt und Stift	Z. B. Piezoaktuator, Linearmotor, dyn. Zugprüfmaschine	Keine	Gering Z. B. Toleranzen von Kontakt und Stift
1	+ Leitung + Kontaktgehäuse + Vereinfachtes Stiftgehäuse	Zwangsbewegung der Leitung bzw. hochfrequente Schwingungen (je nach Frequenzbereich). Dadurch: freie Bewegung zwischen Kontakt und Stift	Z. B. Shaker mit angeregtem Stiftgehäuse und ortsfest montiertem Leitungsende	Durch Gehäuse und Leitung	Mittel + Leitungseigenschaften + Verhalten und Toleranzen der Gehäuse + Dyn. Verhalten von Kontakt und Stift (bei höheren Frequenzen)
2	Siehe Ebene 1	Nur hochfrequente Schwingungen an allen Bauteilen	Z. B. Shaker mit Anregung Stiftgehäuse und Leitungsende (phasengleich, vgl. Freigabeversuche)	Durch Gehäuse und Leitung	Mittel bis hoch + Komplexes dyn. Leitungsverhalten
3	+ Originalkomponente mit Stiftgehäuse + Leitung in Originalverlegung	Siehe Ebene 2	Z. B. Shaker mit angeregter Originalkomponente und angeregtem Leitungsende in Originalverlegung (phasengleich)	+ Durch Übertragungsverhalten der Komponente	Hoch + Übertragungsverhalten der Komponente

(Fortsetzung)

Tab. 5.2 (Fortsetzung)

Ebene	Berücksichtigte Bauteile	Beschreibung	Lastaufbringung	Schwingungseffekte	Anzahl Einflussgrößen
4	Siehe Ebene 3	+ Evtl. Zwangsbewegung der Leitungsenden + Umwelteinflüsse	Z. B. Motor mit angeregter Originalkomponente und angeregtem Leitungsende in Originalverlegung (evtl. nicht-phasengleich)	+ Durch unterschiedliche Anregung der Leitungsenden	Sehr hoch + Reale, unabhängige Anregung der Leitungsenden in 6 DOF + Evtl. Zwangsbeweg + Umwelteinflüsse

Mit Ebene 1-Versuchen lassen sich die Schadensbilder von Ebene 4-Versuchen am Motorprüfstand oder im Fahrzeug gut reproduzieren. Auch sind Ebene 1-Versuche ein wichtiges Mittel zur Validierung von Berechnungsergebnissen (siehe Abschn. 5.6.4). Die berechneten Richtungen der Relativbewegungen der Kontaktpartner können so z. B. auch in Oberflächenanalysen der Kontakte erkannt werden. Es zeigt sich mit zunehmender Last bzw. Anregung zunächst ein Aufschieben bzw. Verschmieren der Ag-Beschichtung (Abb. 5.26).

Dies deutet auf das Auftreten des vollflächigen Gleitmodus hin. Ab einer bestimmten Lastwechselzahl kommt es dann zum Durchbruch der Beschichtung, der Cu-Grundwerkstoff liegt offen und ist Reibkorrosion ausgesetzt. Dass es erst ab einer bestimmten Grenzanregungshöhe zu einem vollflächigen Gleiten, damit zu einer Relativbewegung und dann zu Verschleiß und Reibkorrosion kommen kann, bestätigt das nichtlineare Systemverhalten von Steckkontakten gegenüber Vibrationsanregung.

Die Grenzen von Ebene 1- bzw. Ebene 2-Versuchen werden durch die gewünschte Anregungshöhe und damit die Leistungsfähigkeit des elektromechanischen Shakers gesetzt. Um die Beanspruchbarkeit eines Kontaktsystems gegenüber einer bestimmten Frequenz bzw. einer bestimmten Lasteinleitung zu bestimmen, sind teilweise sehr hohe Beschleunigungsanregungen notwendig. So kann z. B. der Einfluss von Stiftgehäusesteifigkeiten nur durch die Shaker-Beschleunigung selbst und nicht etwa durch Zwangsverschiebungen oder Schwingwege untersucht werden. Systemveränderungen wie angebrachte Zusatzmassen haben bisher bei Ebene 2-Versuchen nicht zum gewünschten Erfolg geführt.

Abb. 5.26 Kontaktoberflächen nach Ebene 1-Versuchen (Sinus-Sweep ±4 % um Eigenfrequenz Stiftgehäuse, unterschiedliche Anregungspegel, REM-Aufnahmen nach 10^6 Zyklen). (Aus [A_DOE16]; mit freundlicher Genehmigung von © DVM Berlin 2016. All Rights Reserved)

Hier kommen dann Ebene 3-Versuche zum Einsatz, die statt mit vereinfachten Ersatz-Stiftgehäusen mit originalen Komponenten inkl. Stiftgehäuse durchgeführt werden. Die Komponente (z. B. ein Sensor oder Aktuator) verfügt oft über ein Eigenschwingungsverhalten, das bei einer bestimmten Frequenz zu einer großen Beschleunigungsüberhöhung am Kontaktsystem führt. Nachteilig an diesem Versuchsaufbau ist dabei die nur schmalbandige Überhöhung und die Fokussierung auf nur ein einziges System Komponente/Kontakt. Um dies zu umgehen, ist aktuell ein neuartiger Versuchsaufbau ohne reale Komponente mit einem mechanischen Resonanzverstärker mit einstellbarer Steifigkeit/Dämpfung in der Entwicklung. Abgesehen davon werden Ebene 3-Versuche aber auch noch zur Nachstellung realer Leitungssatzverlegungen und zur Untersuchung von Schädigungsmechanismen in konkreten Einbausituationen verwendet. Ein Beispiel ist die Resonanzschwingung eines Rails, die zu einer Zwangsbewegung einer auf ihm montierten Leitung und damit zu einer Lasteinleitung in die Steckkontakte der Injektoren führt.

5.8.2 Grundlagenversuche für verbessertes Systemverständnis

Die Anzahl der Einflussgrößen bei Ebene 1-Versuchen des Multilevel-Ansatzes kann gegenüber einer realen Einbausituation (Ebene 4) deutlich verringert werden. Dadurch sinkt auch die Streuung in den Versuchsergebnissen und das Systemverständnis steigt. Trotzdem verfügen auch Ebene 1-Versuche noch über zahlreiche Bauteile, wie Kontakt- und Stiftgehäuse sowie die Leitungen, die jeweils über Toleranzen und Schnittstellen verfügen und zu Einflüssen führen können. Daher liegt der Fokus bei zukünftigen Grundlagenuntersuchungen auf Ebene 0-Versuchen. In diesen werden nur Kontakt und Stift verwendet; massenverursachte Resonanzschwingungen und Schnittstellen sowie Anlageflächen zwischen den Bauteilen haben keinen Einfluss. Auf das Kontaktsystem werden Zwangsbewegungen aufgegeben und Reibweg, Kontaktkräfte und elektrischer Widerstand detektiert.

Zur Umsetzung von Ebene 0-Versuchen kommt ein Linearmotor zum Einsatz, der die geringen Relativbewegungen zwischen Stift und Kontakt von 1–1000 μm genau und reproduzierbar zyklisch aufgeben kann. Bei dem in Abb. 5.27 dargestellten Aufbau erfolgen die Kraft- und Wegmessung über Kraftmessdose und Laserweggeber. Der Kontakt ist an einem Stift und nicht an einer Leitung fixiert, um eine ausreichende axiale Steifigkeit des Aufbaus zu gewährleisten. Mithilfe dieser Ebene 0-Versuche sollen Beanspruchbarkeitskennwerte u. a. in Abhängigkeit von Oberflächenpaarungen, Reibwegen, Kontaktkräften sowie Maß- und Lagetoleranzen ermittelt werden. Ziel ist es in einem ersten Schritt, Beanspruchungsgrenzen bei einer Auslegung auf die Haftgrenze der Kontaktpartner festzulegen. Es darf dabei zu keiner vollflächigen Gleitbewegung kommen („dauerfeste Auslegung", siehe Tab. 5.1, [KIM13]). Als bestimmende Beanspruchungsgröße für die Bemessung kommt die Kontaktreaktionskraft zum Einsatz, die indirekt über die numerische Simulation des Kontaktsystems aus der gemessenen Lastgröße Beschleunigung und aus den Systemrandbedingungen wie Geometrie, Übertragungsverhalten und Einbausituation bestimmt wird.

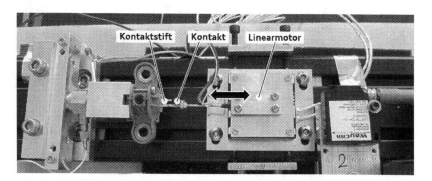

Abb. 5.27 Versuchsaufbau für Beanspruchbarkeitsanalysen auf Ebene 0 mit Linearmotor. (Mit freundlicher Genehmigung von © AUDI AG 2016. All Rights Reserved)

Ein Festigkeitsnachweis erfolgt damit über eine Kombination aus Messung und numerischer Simulation. In einem zweiten Schritt ist zukünftig geplant, als Auslegungsbasis die Verschleißakkumulation heranzuziehen („betriebsfeste Auslegung") und damit zeitweise auch vollflächiges Gleiten in der Kontaktfläche zuzulassen.

Thesen 6

Im Rahmen dieser Arbeit wurden neue Multilevel-Ansätze zur Betriebsfestig-keitsanalyse bei zwei ausgesuchten Komponenten elektrifizierter Fahrzeuge ent-wickelt. Wesentliche Erkenntnisse der eigenen, mehrjährigen Grundlagen- und Anwendungsuntersuchungen in den Themenfeldern Hochvoltspeicher und elekt-rische Steckkontakte sind in Form der folgenden vier Thesen formuliert. Hinter-gründe zu der These 1 liefern das Kap. 4 sowie die eigenen Veröffentlichungen [A_DOE13] und [A_DOE14] über die Betriebsfestigkeit von Hochvoltspeichern für Hybrid- und Elektrofahrzeuge. Die Thesen 2 und 3 fassen wichtige Erkennt-nisse des Kap. 5 sowie der eigenen Veröffentlichung [A_DOE16] zum Thema Betriebsfestigkeit elektrischer Steckkontakte zusammen.

Die These 4 beschäftigt sich übergreifend mit der Thematik und basiert auf allen oben genannten Kapiteln und Veröffentlichungen.

6.1 These 1: Hochvoltspeicher als integraler Bestandteil der Fahrzeugstruktur

Zur Analyse der Betriebsfestigkeit müssen Hochvoltspeicher in elektri-fizierten Fahrzeugen als integrale Bestandteile der Fahrzeugstruktur betrachtet werden. Allein eine separierte Betrachtung als karosserie-festes Anbauteil ist aufgrund des Massen- und Steifigkeitseinflusses auf das Schwingungsverhalten des Gesamtfahrzeugs nicht mehr zulässig.

In der Betriebsfestigkeitsanalyse von Fahrzeugen können kleinere karosserie-feste Anbauteile meist separiert betrachtet werden. Entscheidend dafür ist ein vernachlässigbarer Massen- und Steifigkeitseinfluss auf das Gesamtfahr-zeug. Hochvoltspeicher von PHEV, REEV oder BEV sind jedoch häufig starr an die Karosserie angebunden und wirken aufgrund ihrer großen Abmessungen

© Springer-Verlag GmbH Deutschland, ein Teil von Springer Nature 2019
A. Dörnhöfer, *Betriebsfestigkeitsanalyse elektrifizierter Fahrzeuge*,
https://doi.org/10.1007/978-3-662-58877-2_6

und Masse als integraler Teil der Fahrzeugstruktur. Es kommt zu Wechselwirkungen zwischen Hochvoltspeicher und Karosserie. Das Schwingungsverhalten des Fahrzeugs bei Straßenanregung wird dadurch ebenso beeinflusst, wie
die globalen Beanspruchungen innerhalb der Hochvoltspeicherstruktur und die
Beanspruchungen im mechanischen Anbindungssystem des Hochvoltspeichers
am Fahrzeug.

6.2   These 2: Quasistatische Leitungsbewegung zur Nachbildung des Schwingungsverhaltens von Steckkontakten

**Die Kinematik des Schwingungsverhaltens elektrischer Steckkontakte bei
höherfrequenten Anregungen kann durch eine quasistatische Bewegung
zwischen Kontakt und Leitung unter Wegvorgabe der Leitung nachgebildet
werden.**

Die direkte Untersuchung der Vorgänge innerhalb des Kontaktsystems ist
bei höherfrequenter Anregung bisher nicht möglich. Um die Mechanismen und
grundlegenden Zusammenhänge zu ermitteln, kann dazu auf niederfrequente bzw.
quasistatische Ersatzversuche zurückgegriffen werden. Durch FE-Simulationen
und validierende In-situ-CT-Analysen kann gezeigt werden, dass bei dem untersuchten Steckkontaktsystem nur ein vernachlässigbarer Masseneinfluss der Bauteile innerhalb des Kontakts existiert. Dadurch ist eine vereinfachte Nachbildung
der auftretenden Effekte allein durch äußere Wegvorgabe der Leitung zulässig.
Diese Erkenntnis kann sowohl für die optische Analyse des Bewegungsverhaltens
des Kastenkontakts im Kontaktgehäuse und die Detektion evtl. vorhandener
Anlageflächen mittels Computertomografie als auch für die Beanspruchbarkeitsanalyse auf Prüfständen durch quasistatische Leitungsauslenkung genutzt werden.

6.3   These 3: Schädigende Wirkung des Schubstangeneffekts bei Steckkontakten

**Der Schubstangeneffekt verbundener Leitungen verursacht bei Vibrations-
anregung eine große Schädigung an mehrpoligen elektrischen Steckkontakten herkömmlicher Bauart.**

Selbst bei geringer Querbewegung der Leitung kommt es aufgrund einer
kinematischen Kopplung innerhalb des untersuchten Kontaktsystems zu großen
Längskräften an den Kontakten und infolge dessen zu einer Relativbewegung

zwischen Kontaktfedern und Kontaktstiften. Dies führt gemäß Schädigungskette zu Reibkorrosion und schließlich zu einer Schädigung des Kontakts. Erst durch eine Kombination von FE-Simulationen und validierenden In-situ-CT-Analysen kann ein Nachweis der Ursachen des praxisrelevanten Effekts erbracht werden. Durch Berücksichtigung des Schubstangeneffekts bei der Entwicklung von Leitungssätzen ist eine reduzierte Beanspruchung von Steckkontakten bei gleicher Vibrationsbelastung umsetzbar. Ein angepasstes Design für Kontaktgehäuse trägt dazu bei, die Auswirkungen des Schubstangeneffekts zu reduzieren.

6.4   These 4: Betriebsfestigkeitsanalyse von Komponenten durch Multilevel-Ansätze

Die Betriebsfestigkeitsanalyse von komplexen, hierarchisch aufgebauten Komponenten oder Baugruppen von Fahrzeugen sollte mittels Multilevel-Ansätzen auf unterschiedlichen Komplexitätsebenen erfolgen. Dadurch lassen sich die Gesamtkomplexität der Versuche und Analysen sowie die Anzahl der Einflussgrößen reduzieren.

Exemplarische Anwendungsbeispiele bei elektrifizierten Fahrzeugen sind die Analyse der Struktur- und Fahrzeugintegrationsfestigkeit von Hochvoltspeichern in Gesamtfahrzeug- und Komponentenprüfungen oder die Beanspruchbarkeitsanalyse von Steckkontakten unter Vibrationsbeanspruchung.

Die Verknüpfung der einzelnen Ebenen und die Einordnung der Ergebnisse finden im Multilevel-Ansatz durch begleitende Simulationen statt.

Die Ermittlung der Beanspruchbarkeit elektrisch-aktiver Hochvoltspeicher im Gesamtfahrzeug unter Berücksichtigung mechanischer, elektrischer und thermischer Lasten ist nach aktuellem Stand der Technik in einer einzigen Prüfung nicht möglich. Durch eine geschickte Kombination von fahrzeugnahen Prüfungen mit elektrisch inaktiven Hochvoltspeichern im Gesamtfahrzeugsimulator, fahrzeugfernen mechanisch-elektrisch-thermischen Kombinationsprüfungen an Batteriesystemen auf MAST oder Shaker, mechanischen Komponentenersatzprüfungen und fahrzeugfernen Tests auf Modul- und Zellebene können alle relevanten Beanspruchungen aufgrund mechanischer Belastungen abgesichert werden. Begleitende FE-Simulationen über alle Ebenen des Multilevel-Ansatzes von der Zelle über das Modul und das Batteriesystem bis zum Gesamtfahrzeug stellen die Berücksichtigung aller relevanten Wechselwirkungen, die richtige Konzeption und Lastableitung der Prüfungen sowie die Verknüpfung und Einordnung der Ergebnisse sicher.

Durch einen Multilevel-Ansatz in der Beanspruchbarkeitsanalyse mit fünf Ebenen lassen sich die Komplexität der Versuche und die Anzahl der Einflussgrößen bei der Beurteilung von Steckkontakten unter Vibrationsbeanspruchung schrittweise reduzieren. Nichtsdestotrotz werden bei Anwendung des Ansatzes die reproduzierbare Aufbringung auch erhöhter Lasten ermöglicht und die Rückwirkungen zwischen den hierarchischen Ebenen berücksichtigt. Die Ebenen reichen dabei von Grundlagenversuchen mit Linearaktuatoren bis hin zu Tests im realen Fahrzeug. Nur durch Ausschluss von Einflussgrößen können Wirkzusammenhänge erkannt und für die Betriebsfestigkeitsabsicherung geeignete Beanspruchbarkeitskennwerte ermittelt werden. Lineare und nichtlineare FE-Simulationen von statischen, quasistatischen und dynamischen Vorgängen stellen die Verbindung zwischen den Ersatzversuchen auf den verschiedenen Ebenen des Multilevel-Ansatzes her.

In vielen Ländern weltweit treten in den kommenden Jahren verschärfte Emissionsgrenzwerte für neu zugelassene Personenfahrzeuge in Kraft. Die Europäische Union hat sich z. B. dazu verpflichtet, den CO_2-Ausstoß der Neuwagenflotte bis 2020 auf 95 g CO_2/km zu reduzieren. Mit weiteren deutlichen Verschärfungen der Grenzwerte ist in den Folgejahren zu rechnen. Zusätzlich diskutieren aktuell Länder wie Norwegen, Frankreich oder Großbritannien Verbote für Neufahrzeuge mit Verbrennungsmotor beginnend ab 2025. Quoten für Elektrofahrzeuge bei der Zulassung von Neufahrzeugen werden dagegen bereits ab 2018 in China Realität.

Um zukünftige Emissionsziele und mögliche Zulassungsvorschriften bzw. -quoten zu erfüllen, ist für viele Automobilhersteller eine Elektrifizierung des Antriebsstrangs ihrer Fahrzeuge, d. h. die Ausrüstung mit mindestens einem Traktionselektromotor, unverzichtbar und Teil ihrer Antriebsstrategie. Je nach Grad der Elektrifizierung lassen sich verschiedene Hybridfahrzeuge vom Mild Hybrid (MHEV) über den Full Hybrid (HEV) bis hin zum Plug-in Hybrid (PHEV), reine Batterieelektrofahrzeuge (BEV) sowie Konzepte mit Range-Extender (REEV) oder Brennstoffzelle (FCEV) unterscheiden. Hybridantriebe verfügen dabei neben der Elektromaschine auch noch über einen konventionellen Verbrennungsmotor und werden daher auch als Brückentechnologie auf dem Weg hin zur reinen Elektromobilität bezeichnet.

Eine wichtige Rolle kommt bei der Fahrzeugentwicklung der Analyse der Betriebsfestigkeit zu. Unter Betriebsfestigkeit lässt sich die mechanische Auslegung des Fahrzeugs gegenüber den Belastungen bzw. Beanspruchungen im Betrieb verstehen, wobei die geforderte Lebensdauer bei Funktionstüchtigkeit der Bauteile oder Systeme und eine entsprechende Sicherheit gegenüber Ausfall erreicht werden sollen.

© Springer-Verlag GmbH Deutschland, ein Teil von Springer Nature 2019   107
A. Dörnhöfer, *Betriebsfestigkeitsanalyse elektrifizierter Fahrzeuge*,
https://doi.org/10.1007/978-3-662-58877-2_7

Ein Ziel dieser Arbeit war die Entwicklung von Multilevel-Ansätzen für die Betriebsfestigkeitsanalyse bei elektrifizierten Fahrzeugen. Multilevel-Ansätze beschreiben allgemein physikalisch-technische Vorgänge oder Prozesse auf mehreren verschiedenen Ebenen oder Skalen. Besonderes Augenmerk kommt dabei der ebenenübergreifenden, intelligenten Verknüpfung der Vorgänge zu. Konkret bedeutet dies für das Themengebiet der Betriebsfestigkeit eine Absicherung von Komponenten über gekoppelte Beanspruchungsanalysen, Messungen, Simulationen und Versuche zur Beanspruchbarkeitsermittlung auf verschiedenen Größenskalen und in unterschiedlichen Detaillierungsgraden. Dies kann z. B. durch die Nutzung von Submodelltechniken in der Simulation, die zielgerichtete Kombination von Grundlagenversuchen, Komponenten- und Gesamtfahrzeugerprobungen oder über die schrittweise Komplexitätsreduktion bei Versuchen geschehen. Besonders bietet sich eine Anwendung von Multilevel-Ansätzen zur Analyse von hierarchisch aufgebauten oder ins Gesamtfahrzeug integrierten Komponenten an, deren Innenaufbau sich dann auch entweder modular über mehrere Größenskalen erstreckt, oder die komplexe Wechselwirkungen mit anderen Komponenten über mehrere Größenskalen hinweg besitzen. Im Rahmen dieser Arbeit wurden die Komponenten Hochvoltspeicher und elektrische Steckkontakte exemplarisch für die Entwicklung und den Einsatz der Multilevel-Ansätze ausgewählt.

Hochvoltspeicher stellen im Aufbau elektrifizierter Fahrzeuge sicher einen der größten Unterschiede gegenüber konventionellen Fahrzeugen dar. Mit einer Masse von über 700 kg, Abmessungen bis zur halben Fahrzeuglänge und einer oft starren Anbindung an die Fahrzeugkarosserie können sie vor allem in PHEV und BEV nicht mehr als konventionelle, karosseriefeste Anbauteile betrachtet werden. In dieser Arbeit wurde abhängig von Größe und Einbausituation eine Einordnung und Klassifizierung der Hochvoltspeicher hinsichtlich ihrer Wirkung als integraler Bestandteil der Fahrzeugstruktur vorgenommen. Abhängig davon ist eine separierte Betrachtung als karosseriefestes Anbauteil aufgrund des Massen- und Steifigkeitseinflusses auf das Schwingungsverhalten des Gesamtfahrzeugs nicht mehr zulässig, es kommt zu gegenseitigen Wechselwirkungen zwischen Hochvoltspeicher und Karosserie bei dynamischer Straßenanregung.

Aufgrund des modularen Aufbaus moderner Hochvoltspeicher können in einem Multilevel-Ansatz die Ebenen Zelle, Modul, Batteriesystem und Gesamtfahrzeug unterschieden werden. Ausgehend von lokalen und globalen Belastungen wurden im Inneren eines Hochvoltspeichers fünf für die Betriebsfestigkeit relevante, mechanische Beanspruchungen identifiziert. Um diese abzusichern, muss ein Prüfkonzept verschiedene, im Rahmen der Arbeit definierte Anforderungen erfüllen. Eine Bewertung von fahrzeugfernen und -nahen Prüfkonzepten nach dem Stand der Technik anhand relevanter Kriterien zeigt, dass aktuell kein Prüfstand zur Beanspruchbarkeitsanalyse alle Anforderungen in sich vereint. Als Lösung wurde daher in dieser Arbeit ein Multilevel-Konzept vorgeschlagen. Dieses beinhaltet Prüfungen auf Zell-, Modul- und Batterie-systemebene. Auf Systemebene wird die Analyse des Hochvoltspeichers in fahrzeugferne, mechanisch-elektrisch-thermische Kombinationsprüfungen der Strukturfestigkeit und fahrzeugnahe Prüfungen der Fahrzeugintegration auf Gesamtfahrzeugprüfständen unterteilt. Dadurch wird es möglich, die gestellten Anforderungen an Sicherheit, Wechselwirkungen zwischen Batterie und Fahr-zeug sowie an die Berücksichtigung lokaler und globaler Belastungen zu erfüllen. Durch eine Staffelung der Anregungsprofile entlang der Ebenen Zelle, Modul und System lässt sich im Sinne des modularen Aufbaus eine Unabhängigkeit von indi-viduellen Einbaupositionen erreichen.

   Am Beispiel der fahrzeugfernen Strukturfestigkeitserprobung auf dem elektro-mechanischen 1D-Shaker wurden Hinweise für Auslegung und Optimierung von Prüfvorrichtungen gegeben, die Ableitung von Prüfsignalen aus Fahrzeug-messungen gezeigt sowie die vielfältigen Herausforderungen bei Prüfungen auf Systemebene diskutiert. Ein Vergleich von im Hochvoltspeicher wirkenden, gemessenen Beanspruchungen bei Prüfung auf dem Shaker und Prüfung im Gesamtfahrzeug lässt den Schluss zu, dass bei entsprechender Dimensionierung der Prüfvorrichtung, Kenntnis der Beurteilungsgrenzen und sorgfältiger Wahl des Anregungsprofils auch ein 1D-Prüfstand gute Erkenntnisse über die Struktur-festigkeit eines Hochvoltspeichers liefern kann. Die Anregung in Fahrzeughoch-richtung aufgrund von Straßenanregung wirkt dabei oft schädigungsdominant.

   Die Verbindung der fahrzeugnahen und -fernen Beanspruchbarkeitsanalysen muss im vorgeschlagenen Multilevel-Ansatz zur Betriebsfestigkeitsanalyse von Hochvoltspeichern über FEM-Struktursimulationen erfolgen. Durch deren Ergeb-nisse lassen sich Wechselwirkungen zwischen Komponenten und Ebenen erkennen, Einflussgrößen identifizieren, Beanspruchungen und Wirkketten analysieren sowie ein tieferes Systemverständnis aufbauen. Im Rahmen der Arbeit durchgeführte Validierungen der Simulationsmodelle zeigen gute Übereinstimmungen mit expe-rimentellen Analysen.

   Aufgrund der zeitlich gestaffelten Verfügbarkeit von Simulationsdaten, Hard-warekomponenten und Fahrzeugprototypen in der Produktentwicklung lässt sich der vorgeschlagene Multilevel-Ansatz mit der Kombination aus numerischen Simulationen, fahrzeugfernen Komponententests auf mehreren Ebenen und fahr-zeugnahen Gesamtfahrzeugprüfungen sehr gut in den Produktentwicklungs-prozess integrieren. Überlegungen und Erkenntnisse aus den mehrjährigen Untersuchungen wurden inzwischen in internen Richtlinien und Prüfvorschriften zur Betriebsfestigkeitsabsicherung von Hochvoltspeichern verwendet [KUT15,

KUT15a] oder fließen aktuell in Vorschläge zur internationalen Normung ein
[ISO17]. Auch eine Patentanmeldung zu einem Anbindungssystem für eine
Traktionsbatterie eines Kraftfahrzeugs wurde ausgehend von den im Rahmen der
Arbeit gewonnen Erkenntnissen eingereicht [A_DOE16a].

Moderne Automobile besitzen eine Vielzahl an Steuergeräten, Sensoren,
Aktuatoren und elektrischen Leitungsverbindungen. Um alle Komponenten
elektrisch sicher aber zugleich trennbar miteinander zu kontaktieren, kommen
Steckverbindungen zum Einsatz. An sie werden hohe Anforderungen bezüglich Umwelt- und Vibrationsbelastungen gestellt. Speziell im Umfeld von Verbrennungsmotoren sind elektrische Steckverbindungen teilweise sehr starken
Vibrationen ausgesetzt, die sich aus harmonischen und stochastischen Signal-
anteilen zusammensetzen. Da auch elektrifizierte Fahrzeuge abhängig vom Grad
der Elektrifizierung Verbrennungskraftmaschinen besitzen können, wurde als
zweite exemplarische Komponente zum Einsatz von Multilevel-Ansätzen in der
Betriebsfestigkeitsanalyse die elektrische Steckverbindung gewählt.

Am Beispiel eines zweipoligen Kontaktsystems mit Stiftbreite 1,2 mm wurden zunächst der sehr komplexe Innenaufbau und die Funktionsweise erläutert
sowie mögliche Toleranzeinflüsse diskutiert. Breitbandige Vibrationsanregungen
des Motors führen, beeinflusst durch die Anbauposition der Komponente am
Motor und deren mechanisches Übertragungsverhalten, zu Schwingungen an
Komponente und Leitungssatz und schließlich zu einem Schwingungseintrag in
das Kontaktsystem. Im Rahmen der Arbeit wurden von außen induzierte Zwangsbewegungen und Schwingungen als die beiden dafür relevanten Mechanismen
identifiziert. Die Schädigung eines elektrischen Steckkontakts zeigt sich im
Anstieg des elektrischen Widerstands der Steckverbindung. Grund dafür ist die
Veränderung der Oberflächen der Kontaktpartner durch Reibkorrosion bis hin zur
Ausbildung einer trennenden, nicht leitenden Oxidschicht. Für den Weg dorthin
wurde eine detaillierte Schädigungskette entworfen. Entscheidend für Kontaktverschleiß ist das Auftreten einer Relativbewegung zwischen den Kontaktpartnern
nach Überschreiten der lokalen Haftbedingung. Durch Vibrationsversuche, Messungen des Kontaktdurchgangswiderstands und REM-Aufnahmen konnten
Zusammenhänge zwischen Gleitweg, Schwingspielzahl, Kontaktverschleiß und
Ausfall der Verbindung aufgrund elektrischer Widerstandserhöhung analysiert
werden.

Zur Betriebsfestigkeitsauslegung von Steckkontakten wurden in Anlehnung
an die Bemessung klassischer, mechanisch beanspruchter Bauteile zwei Festigkeitsauslegungsprinzipien definiert. Bei einer „dauerfesten" Auslegung führen
die Vibrationsbelastungen dabei nicht zu einem vollflächigen Gleitmodus in der
Kontaktfläche. Durch die Haftgrenze der Kontaktpartner als Auslegungsbasis

werden Verschleiß, Reibkorrosion und Widerstandserhöhung zuverlässig ver- hindert. Bei einer „betriebsfesten" Auslegung wird zeitweise vollflächiges Glei- ten der Kontaktpartner zugelassen, es entstehen dadurch Verschleiß und auch Reibkorrosion. Auf der Auslegungsbasis einer Verschleißakkumulation erfolgt dann die Absicherung des Steckkontakts in Abhängigkeit von Lastspielzahl und Nutzungsdauer. Die zur Auslegung notwendige Ermittlung der Beanspruchungen im Kontakt ist durch quantitative und qualitative Mess- und Analyseverfahren außen und im Inneren des Kontakts sowie durch FE-Simulationen möglich. Aus- gehend von den formulierten Anforderungen an eine Beanspruchungsermittlung wurden im Rahmen der Arbeit zahlreiche Verfahren in der Praxis angewendet, teils jedoch erstmals entwickelt und schließlich deren Vor- und Nachteile diskutiert.

Mittels Computertomografie (CT) gewonnene 2D- und 3D-Informationen las- sen Rückschlüsse über den exakten Aufbau, Toleranzlagen, Kontaktflächen und die Geometrie des Kontaktsystems im Inneren zu. Eine hochdynamische Unter- suchung des höherfrequenten Schwingungsverhaltens eines Kontaktsystems ist aktuell im CT noch nicht möglich. Durch In-situ-CT und eine servoangetriebene Vorrichtung konnten jedoch Videos vom Inneren eines Kontaktsystems unter zyk- lischer Leitungsauslenkung mit bis zu 33 Bildern/s aufgezeichnet werden. Die quasistatische Bewegung unter Wegvorgabe der Leitung ist dann hinsichtlich Kinematik vergleichbar mit der hochdynamischen Bewegung aufgrund höher- frequenter Schwingungen. Diese Prämisse konnte mittels Simulationen vali- diert werden und deutet auf nur vernachlässigbaren Masseneinfluss der Bauteile im analysierten Kontaktsystem hin. Durch CT-Analysen und FE-Simulationen wurde auch der sog. Schubstangeneffekt verbundener Leitungen nachgewiesen und auf seine Ursachen und Auswirkungen hin analysiert. Selbst bei geringer Querbewegung der Leitung kommt es dabei aufgrund der Kinematik innerhalb des Kontaktsystems zu großen Längskräften an den Kontakten und infolge des- sen zu einer Relativbewegung zwischen Kontaktfedern und Kontaktstiften. Dies führt zu Reibkorrosion und schließlich zu einer Schädigung des Kontakts. Die dazu im Rahmen der Arbeit gewonnene Erkenntnisse flossen bereits in interne Konstruktionsrichtlinien zur Leitungssatzgestaltung ein und sind inzwischen auch in einer konstruktiv verbesserten Generation an Hochleistungs-Steckkontakten berücksichtigt [ZIM16]. Diese verfügt neben erhöhten Kontaktnormalkräften auch über eine zusätzliche Leitungsfixierung am Ende des Kontaktgehäuses sowie über eine mäanderförmige Kontaktanbindung an den Leitungscrimpbe- reich. Durch die beiden letztgenannten Maßnahmen können Leitungsbewegungen und damit auch die Auswirkungen des Schubstangeneffekts wirksam von der Kontaktzone separiert werden. Zur direkten Messung der Kontaktbewegung im

Betrieb wurde ein neues faseroptisches Messverfahren entwickelt. Durch Reflexion von über Lichtleitern in spezielle Messsteckverbinder eingebrachtem Licht am Übergang von Kontaktgehäuse und Kontaktstift kann eine translatorische Relativbewegung zwischen Kontakt und Stift auch hochdynamisch quantitativ erfasst und z. B. auf Eigenformen des Kontaktgehäuses bzw. der Leitungen als Ursachen zurückgeführt werden.

Zusammenfassend kann festgestellt werden, dass sich nicht alle Anforderungen an eine Beanspruchungsermittlung bei Steckkontakten in einem einzigen Verfahren berücksichtigen lassen. Als verbindendes Element für verschiedene Analysen kommt im Sinne des Multilevel-Ansatzes daher ebenfalls die FE-Simulation zum Einsatz. Durch lineare und nichtlineare Modelle mit gestaffeltem Detaillierungs- und Komplexitätsgrad sind Aussagen zu Steck- bzw. Montagevorgang und dabei auftretenden Kontaktnormalkräften, detaillierte Erkenntnisse über Kinematik bzw. Verformungen im Inneren des Kontakts, ein detailliert nachgebildeter Haft-/Gleitvorgang sowie Informationen zu Kontaktreaktionskräften bei dynamischen Berechnungen möglich. Diese Kontaktreaktionskräfte lassen zusammen mit Kontaktnormalkräften und der Haftreibungszahl Rückschlüsse auf eine Überschreitung der Haftreibung zu und bilden die Basis für die Schadensakkumulation bei betriebsfester Steckkontaktbemessung.

Zur Ermittlung der Beanspruchbarkeit elektrischer Steckkontakte werden nach aktuellem Stand der Technik entweder motorferne Freigabeversuche unter standardisierten Aufbau- und Anregungsbedingungen oder Applikationsversuche unter realen Einbau- und Betriebsbedingungen am Motorprüfstand bzw. im Fahrzeug verwendet. In einer Diskussion der Vor- und Nachteile konnte gezeigt werden, dass bei Freigabeversuchen unter Standardbedingungen eine hohe Lastüberhöhung zur sicheren Bemessung notwendig ist. Dies resultiert aber häufig in einer Überdimensionierung des Kontaktsystems für konkrete Anwendungssituationen. Bei Versuchen am Motor sind alle Einflussgrößen und Wechselwirkungen korrekt berücksichtigt, eine lange Versuchsdauer, hohe Kosten sowie die nicht mögliche Lastüberhöhung erweisen sich aber hier als nachteilig. Bei beiden Verfahren nach dem Stand der Technik sind jedoch Detailaussagen, Einflussanalysen oder die Ermittlung genauer Beanspruchbarkeitskennwerte nur schwer möglich.

Durch einen im Rahmen der Arbeit vorgeschlagenen Multilevel-Ansatz zur Beanspruchbarkeitsanalyse von Steckkontakten auf fünf Ebenen lassen sich die Komplexität der Versuche sowie die Anzahl der Einflussgrößen schrittweise reduzieren und auch erhöhte Lasten reproduzierbar aufbringen. Es konnte gezeigt werden, dass Ebene 1-Versuche Schadensbilder am Motorprüfstand oder im Fahrzeug gut reproduzieren und ein wichtiges Mittel zur Validierung von

Berechnungsergebnissen darstellen. Ein Ebene 0-Prüfstand mit Linearmotor kann Relativbewegungen zwischen Stift und Kontakt von 1–1000 μm genau und reproduzierbar zyklisch aufgeben. Dadurch wird die direkte Bestimmung von Beanspruchbarkeitskennwerten u. a. in Abhängigkeit von Oberflächenpaarungen, Reibwegen, Kontaktkräften sowie Maß- und Lagetoleranzen möglich.

Die an den beiden exemplarischen Bauteilen Hochvoltspeicher und elektrische Steckkontakte gewonnenen Erkenntnisse können auch auf die Betriebsfestigkeitsanalyse anderer Komponenten und Baugruppen auf unterschiedlichen Größenskalen übertragen werden. Multilevel-Ansätze sollten immer dort entwickelt werden und zum Einsatz kommen, wo ein hierarchischer oder modularer Aufbau von Komponenten bzw. Wechselwirkungen über mehrere Ebenen hinweg eine einfache Betrachtung auf nur einer Ebene erschweren. Nicht die Entwicklung einer einzigen Analysemethode für Beanspruchung oder Beanspruchbarkeit, die alle an sie gestellten Anforderungen zugleich erfüllen kann, sollte das Ziel sein, sondern die intelligente Kombination verschiedener Methoden und Verfahren auf mehreren Ebenen. Bindeglied und zugleich Erweiterung ist stets die numerische Simulation. Sie hilft dem Anwender auch dabei, weg von einer rein phänomenologisch-externen Betrachtungsweise komplexer Baugruppen, hin zu einem detaillierten Systemverständnis für Optimierung und sichere Bemessung der Komponenten zu gelangen.

Um die Betriebsfestigkeitsanalyse von Hochvoltspeichern weiter zu optimieren, wäre eine verbesserte Berücksichtigung von Beanspruchungen aufgrund globaler Verformungen in Strukturfestigkeitsversuchen, verbunden mit der Möglichkeit einer Lastüberhöhung, notwendig. Eine aktive Lagerung des Hochvoltspeichers im Prüfgestell könnte hier neue Impulse zur Lasteinbringung geben. Die verbesserte Integration und Standardisierung von FE-Simulationen in der Ableitung von Komponentenprüfungen wären ebenso das Ziel weiterführender Arbeiten wie die Ausdehnung des Multilevel-Ansatzes auch auf die intrazellulare Nanoebene. Durch die Berücksichtigung von Wechselwirkungen auf die Zelle könnte deren mechanischer Innenaufbau optimiert werden.

Durch Fokus auf die Gewinnung von Beanspruchbarkeitskennwerten aus Ebene 0-Versuchen ließe sich das Konzept der betriebsfesten Auslegung elektrischer Steckkontakte flächendeckend anwenden. Eine weitere Erprobung und Validierung in der Praxis wären dazu aber erforderlich. Die Entwicklung eines standardisierten Verfahrens zur schnellen Vorqualifizierung der Betriebsfestigkeit von Kontaktsystemen auf Basis von numerischer Simulation würde dazu beitragen, bereits in der frühen Phase des Entwicklungsprozesses Komponenten- und Leitungssatzdesign zu optimieren. Durch Mehrkörpersimulation berechnete Anregungsdaten auf Makroebene des Motors könnten dazu zusammen

mit Simulationsverfahren für realitätsnahe Leitungsverlegung und Leitungs-
schwingungen sowie den im Rahmen der Arbeit behandelten Detailmodellen des
Kontaktes und deren Integration als Submodelle das Multilevel-Prinzip sinnvoll
erweitern.

Eine Übertragung der Prinzipien und Erkenntnisse für Multilevel-Ansätze auf
die Betriebsfestigkeitsanalyse von modular aufgebauten Brennstoffzellen würde
zukünftig ein weiteres Anwendungsfeld im Spektrum elektrifizierter Fahrzeuge
eröffnen.

Summary and Outlook

In many countries around the world, tightened emission limits for newly registered passenger vehicles will enter into force in the upcoming years. For example, the European Union has committed itself to reduce the CO_2 emissions of new cars to only 95 g CO_2/km by 2020. Further severe tightening of the emission limits is expected in the following years. In the meantime, countries such as Norway, France or Great Britain are considering to introduce from 2025 various prohibitions for new vehicles with internal combustion engines. Furthermore, the requirement to meet certain quotas for electric vehicles for the registration of new vehicles will be realized in China from 2018 onwards.

In order to meet future emission targets, possible approval requirements or quotas, electrification of the vehicle powertrain, i. e. implementation of an equipment with at least one traction electric motor, is indispensable for many automotive manufacturers and is therefore part of their drivetrain strategy. Depending on the degree of electrification, hybrid vehicles can be classified as mild hybrid (MHEV), full hybrid (HEV), plugin hybrid (PHEV), pure battery electric vehicles (BEV), concepts with range extender (REEV) or fuel cell vehicles (FCEV). Note that in addition to the electric machine, hybrid drives also comprise a conventional internal combustion engine and are therefore also referred to as a bridging technology on the way to pure electric mobility.

Fatigue analysis of these new vehicle concepts will play an important role in vehicle development. Structural durability can be understood as the mechanical design of a vehicle with regards to the loadings and stresses occurring during operation, whereby the required lifetime at full functionality of the components or systems and a corresponding safety against failure are to be achieved.

One aim of this thesis was the development and integration of multilevel approaches for the fatigue analysis of electrified vehicles. Multilevel approaches

© Springer-Verlag GmbH Deutschland, ein Teil von Springer Nature 2019
A. Dörnhöfer, *Betriebsfestigkeitsanalyse elektrifizierter Fahrzeuge,*
https://doi.org/10.1007/978-3-662-58877-2_8

generally describe physically technical processes on several different levels or scales. Particular attention is paid to the overarching of the levels, i. e. the intelligent linking of the processes. For the field of structural durability this concretely means that components are evaluated via coupled stress analyzes, measurements, simulations and tests for the determination of stress capacity on different scale sizes and in different degrees of detail. For example, this can be done by using submodel techniques in the simulation, the targeted combination of basic tests, the testing of components or of the whole vehicle, or the gradual reduction of complexity in the tests. In particular, it is suitable to apply multilevel approaches for analysing hierarchically structured components or components integrated in the whole vehicle, whose internal design also extends either modularly over a plurality of scales, or which show complex interactions with other components over several scales. Within the scope of this thesis, the components high-voltage batteries and electrical connectors were selected as examples for the development and use of the multilevel approaches.

High-voltage batteries are certainly one of the most prominent differences when comparing the design of conventional and electrified vehicles. With a mass of more than 700 kg, dimensions up to half of the vehicle length as well as an often rigid connection to the vehicle body they cannot be handled as a conventional, body mounted part. In this thesis, the high-voltage batteries regarding to their effect as an integral part of the vehicle structure were classified based on their size and installation situation. Depending thereon, a separated view as a body-mounted component is no longer permissible due to the mass and stiffness influence on the vibrational behavior of the whole vehicle. Interactions between the high-voltage battery and the body occur in the case of dynamic road excitation.

Due to the modular design of modern high-voltage batteries, the levels of cell, module, battery system and whole vehicle can be distinguished in a multilevel approach. Starting from local and global loads, five types of mechanical stresses were identified within a high-voltage battery, which are relevant from the structural durability point of view. In order to account for these, a test concept meeting different requirements was defined within the scope of this thesis. An evaluation of vehicle-distant and vehicle-related state-of-the-art test concepts based on relevant criteria shows that currently no test stand for stress capacity analysis combines all requirements. Therefore, a multilevel concept has been proposed as a solution in this thesis. This includes tests conducted on stages of cells, modules as well as battery systems. On the system level, the fatigue analysis of the high-voltage batteries is subdivided into vehicle-distant and mechanical-electrical-thermal combination tests of the structural strength as well as into vehicle-related tests of the vehicle integration on whole vehicle test stands. This makes it possible to meet the requirements for safety, as well as to properly represent the interactions between the battery and the vehicle while considering local and global loads. Through a gradual change of the excitation profiles at the cell, module and system levels, the modular design allows independence from individual installation positions.

For the concrete example of designing a vehicle-distant structural strength test via an electromechanical 1D shaker, instructions for the design and optimization of test rigs have been given, the deduction of test signals from vehicle measurements has been demonstrated, and the various challenges for tests on system level have been discussed. A comparison of the stresses measured in the high-voltage battery during the shaker tests as well as from the whole vehicle allowed to conclude that by appropriately sizing the test rig, by knowing the assessment limits and by careful choice of the excitation profile, a 1D test bench also provides good knowledge about the structural strength of a high-voltage battery. The excitation in the vertical direction due to road excitation often has a dominant damaging effect.

In the proposed multilevel approach for the fatigue analysis of high-voltage batteries, the connection of the vehicle-distant and vehicle-related stress capacity analyzes has to be carried out via FEM structural simulations. By these results, the interactions between the components and various levels as well as identification of the most influencial parameters can be completed, the stresses and impact chains can be analyzed, as well as a deeper system understanding can be achieved. Validations of the simulation models carried out within the scope of this thesis showed good accordance with experimental analyzes.

Due to the temporally staggered availability of the simulation data, of hardware components as well as of the vehicle prototypes during the product development process, the proposed multilevel approach including the combination of numerical simulations, vehicle-distant component tests on several levels as well as vehicle-related whole vehicle tests can be very well integrated into the product development process. Considerations and findings from the multi-year studies are meanwhile used in internal guidelines and test regulations for ensuring the structural durability of high-voltage batteries [KUT15, KUT15a] or are currently being incorporated into proposals for international standardization [ISO17]. Based on the knowledge gained within this thesis, a patent application has also been submitted for a connection system for a traction battery of a vehicle [A_DOE16a].

Modern automobiles have a variety of control units, sensors, actuators and electrical wiring connections. In order to connect all components electrically in a safe, but at the same time separable way, connectors are used. They place high demands on environmental and vibration loads. Electrical connectors are partially exposed to very strong vibrations – composed of harmonic and stochastic signal components – especially in the vicinity of internal combustion engines. Since electrified vehicles can also have internal combustion engines depending on the degree of electrification, the electrical connector has been selected as the second sample component for the use of multilevel approaches in fatigue analysis.

Using the example of a 2-pin contact system with a pin width of 1.2 mm, the very complex internal structure and the mode of operation were first explained and possible tolerance influences were discussed. Broad-band vibrational excitations lead to vibrations of component and wiring set and finally to a vibration input into the contact system influenced by the mounting position of the component on the motor and its mechanical transmission behavior. Within the scope of this thesis, forced movements and vibrations induced by the outside were identified as the two relevant mechanisms. The damage of an electrical connector is seen in the increase in the electrical resistance of the connection. The reason for this is the modification of the surfaces of the contact partners by fretting corrosion up to the formation of a separating, non-conductive oxide layer. A detailed damage chain was designed for the way to this condition. Decisive for contact wear is the occurrence of a relative movement between the contact partners after exceeding the local adhesion condition. By means of vibrational tests, measurements of the contact continuity resistance and SEM micrographs, connections between the glide distance, the number of load cycles, the contact wear and the failure of the connection due to the increase of electrical resistance could be analyzed.

Two design principles were defined for the structural durability of plug-in connectors based on the design of classical, mechanically stressed components. In a „fatigue endurable" design, the vibrational loads do not lead to a gross-slip-mode in the contact surface. Due to the adhesion limit of the contact partners as a design basis, wear, fretting corrosion and resistance increase are reliably prevented. In the case of an „operationally stable" design, temporary gross-slip of the contact partners is permitted, causing wear and fretting corrosion. On the design basis of a wear accumulation, the electrical connector is then ensured as a function of the number of load cycles and duration of use. The determination of the loads within the connector, which is necessary for the design, is possible by means of quantitative and qualitative measurement and analysis methods outside and inside the contact as well as by FE simulations. Within the scope of this thesis, starting from formulating the requirements to a load determination, numerous procedures were applied in practice, but in part developed for the first time, and finally their advantages and disadvantages were discussed.

2D and 3D information obtained using computer tomography (CT) allows conclusions to be drawn about the exact structure, tolerances, contact surfaces and the geometry of the contact system inside. A highly dynamic examination of the higher-frequency vibration behavior of a contact system is currently not possible in CT. However, by in-situ CT and a servo-driven device, videos could be recorded from the inside of a contact system under cyclic wire deflection with up to 33 images/s. The quasistatic movement under the guidance of the wire is then comparable with the high-dynamic movement due to higher-frequency vibrations with regard to kinematics. This proposition was validated by means of simulations and indicates only negligible mass influence of the components in the analyzed contact system. The so-called push-rod effect of connected wires was also detected by CT analyzes and FE simulations and examined for identifying causes and effects. Even with a slight transverse movement of the wire, the kinematics within the contact system resulted in great longitudinal forces at the contacts and consequently in a relative movement between contact springs and contact pins. This lead to fretting corrosion and finally to damage of the contact. The findings gained within the scope of this thesis have already been incorporated into internal design guidelines for wire set design and have also been taken into account in a design-enhanced generation of high-performance electrical connectors [ZIM16]. In addition to increased contact normal forces, this also has an additional wire fixation at the end of the contact housing as well as a meander-shaped contact connection to the wire crimping area. Through the two last-mentioned measures, wire movements and thus also the effects of the push-rod effect can be effectively separated from the contact zone. A new fiber-optic measuring method has been developed for the direct measurement of the contact movement during operation. A translational relative movement between the contact and the pin can be detected quantitatively by means of reflection of light introduced via light guides into special measuring connectors at the transition from contact housing and contact pin, and, for example, can also be traced back to the eigenmodes of the contact housing or the cables as causes.

In summary, it can be stated that not all requirements for load detection in electrical connectors can be taken into account in a single method. As a connecting element for different analyzes, the FE simulation is also used in the sense of the multilevel approach. Linear and non-linear models with a graded degree of detail and complexity provide statements on the plug-in or mounting process and the resulting contact normal forces, detailed knowledge about kinematics or deformations in the inside of the contact, a detailed simulated stick/slip process, as well as information on contact reaction forces in dynamic calculations. These contact reaction forces, together with contact normal forces and the friction coefficient, allow conclusions to be drawn about exceeding of the friction coefficient and form the basis for the damage accumulation for an „operationally stable" design of the electrical connector.

In order to determine the loadability of electrical connectors, either state-of-the-art engine-distant approval tests are used under standardized design and excitation conditions or application tests under real installation and operating conditions on an engine test bench or in the vehicle. In a discussion of the advantages and disadvantages, it was shown that in the case of approval tests under standard conditions, a high load increase for safe sizing is necessary. However, this frequently results in an oversizing of the contact system for concrete application situations. In tests on the engine, all influencing variables and interactions are taken into account correctly, but long test periods, high costs and the unfeasibility of load increases prove to be disadvantageous. However, in both methods according to the state-of-the-art, detailed statements, influence analyzes or the determination of exact load capacity coefficients are difficult.

The complexity of tests and the number of influencing variables can be step-by-step reduced and increased loads can be repeatedly applied on five levels by a multilevel approach. Within the scope of this thesis, it was shown that level 1 tests reproduce well the damage images both on the engine test bench or in the vehicle and that they are an important means for validation of calculation results. A level 0 test stand with a linear motor can give cyclic relative movements between pin and contact of $1{-}1000\ \mu\mathrm{m}$ accurately and reproducibly. As a result, the direct determination of load capacity coefficients, i. e. as a function of surface pairings, friction distances, contact forces, as well as dimensional and position tolerances, is possible.

The insights gained from the two sample components, i. e. the high-voltage batteries and electrical connectors, can also be transferred to the fatigue analysis of other components and modules on different scale sizes. Multilevel approaches should always be developed and used where a hierarchical or modular structure of components or interactions across multiple levels makes it difficult to view them on a single level. It is not the development of a single method for stress or stress capacity analysis that can meet all the demands placed on it, but the intelligent combination of different methods and procedures at several levels. The numerical simulation is always the binding element and expansion as well. It also helps the user to move away from a purely phenomenological-external view on complex assemblies, to a detailed system understanding for optimization and reliable dimensioning of the components.

In order to further optimize the fatigue analysis of high-voltage batteries, an improved consideration of the stresses would be necessary due to global deformations in structural strength tests as well as the possibility of load increase. An active mounting of the high-voltage battery in the test rack could give new impulses for load introduction. The improved integration and standardization of FE simulations in the deduction of component tests would also be the goal of further work, such as the extension of the multilevel approach to the intracellular nanoscale. By taking into consideration interactions on the cell, their mechanical internal structure could be optimized.

By focusing on obtaining load capacity coefficients from level 0 tests, the concept of „operationally stable" dimensioning of electrical connectors could be applied comprehensively. However, further testing and validation in practice would be necessary. The development of a standardized method for the rapid prequalification of the structural durability of contact systems – based on numerical simulation – would help to optimize component and wire set design in the early phases of the development process. The excitation data generated by multi-body simulation at the macro level of the combustion engine could exponentially extend the multilevel principle. This should involve simulation methods for real-world routing and oscillations of the wires as well as the detailed treatment models within the scope of this thesis and their integration as submodels.

A transfer of the principles and findings for multilevel approaches to the fatigue analysis of modularly built fuel cells could open up a further field of application in the spectrum of electrified vehicles in future.

Abkürzungsverzeichnis

Die verwendeten Abkürzungen und Formelzeichen sind an international gebräuchliche Zeichen angelehnt. Die Bedeutung mehrfach vergebener Zeichen erklärt sich im Zusammenhang.
(Siehe Tab. A.1 und A.2)

Tab. A.1 Verwendete Symbole, Formelzeichen und ihre Einheiten

Symbol	Einheit	Bedeutung
A	m/s^2	Beschleunigung
A_X	m/s^2	Beschleunigung in X-Richtung
A_Y	m/s^2	Beschleunigung in Y-Richtung
A_Z	m/s^2	Beschleunigung in Z-Richtung
BKZ		Belastungskennzahl
D		Bereich der Dauerfestigkeit
		Schädigung, Schadenssumme
D_i		Teilschädigung der i-ten Klasse
D_{tat}		Tatsächliche Schadenssumme für einen Ausfall
D_{th}		Theoretische Schadenssumme
D_{zul}		Maximal zulässige Schadenssumme
F	N	Last
F_a	N	Lastamplitude
F_m	N	Mittellast

(Fortsetzung)

© Springer-Verlag GmbH Deutschland, ein Teil von Springer Nature 2019
A. Dörnhöfer, *Betriebsfestigkeitsanalyse elektrifizierter Fahrzeuge*,
https://doi.org/10.1007/978-3-662-58877-2

Tab. A.1 (Fortsetzung)

Symbol	Einheit	Bedeutung
F_N	N	Normalkraft
F_o	N	Oberlast
F_R	N	Reibkraft
F_u	N	Unterlast
H_0		Kollektivumfang
i		Klassennummer
j		Klassenanzahl
j_S		Sicherheitszahl
K		Bereich der Kurzzeitfestigkeit
k		Neigung der Wöhlerlinie
k'		Neigung der modifizierten Wöhlerlinie
m		Parameter der modifizierten Wöhlerlinie nach Haibach
		Differenz der Mittelwerte der logarithmischen Beanspruchbarkeit und Beanspruchung
m_B		Mittelwert der logarithmischen Beanspruchung
m_F		Mittelwert der logarithmischen Beanspruchbarkeit
N		Schwingspielzahl
N_D		Eckschwingspielzahl
N_i		Maximal ertragbare Schwingspielzahl der i-ten Klasse
N_1		Schwingspielzahl am Punkt 1
n_i		Schwingspielzahl in der i-ten Klasse
P_A		Ausfallwahrscheinlichkeit
p		Verteilungsdichte
R	Ω	Elektrischer Widerstand
		Lastverhältnis
R_m	N/mm²	Zugfestigkeit
S		Sicherheitsfaktor
S_a	N/mm²	Beanspruchungsamplitude
S_{aB}	N/mm²	Beanspruchung
S_{aB50}	N/mm²	50 %-Wert der Beanspruchung

(Fortsetzung)

Tab. A.1 (Fortsetzung)

Symbol	Einheit	Bedeutung
S_{aD}	N/mm^2	Beanspruchbarkeit
S_{aD}	N/mm^2	Dauerfestigkeit
S_{aF}	N/mm^2	Beanspruchbarkeit
S_{a1}	N/mm^2	Beanspruchungsamplitude am Punkt 1
S_{aF50}	N/mm^2	50 %-Wert der Beanspruchbarkeit
s_{log}		Standardabweichung der Differenz von Beanspruchbarkeit und Beanspruchung
s_{logB}		Standardabweichung der Beanspruchung
s_{logF}		Standardabweichung der Beanspruchbarkeit
t	s	Zeit
u		Normierte logarithmische Merkmalsgröße
u_0		Bezogene Sicherheitsspanne
x_B		Logarithmische Beanspruchung
x_F		Logarithmische Beanspruchbarkeit
Z		Bereich der Zeitfestigkeit
z		Differenz der logarithmischen Beanspruchbarkeit und Beanspruchung
ΔF	N	Schwingbreite der Last
μ		Haftreibungszahl

Tab. A.2 Verwendete Abkürzungen und ihre Bedeutung

Abkürzung	Bedeutung
Ag	Silber
Au	Gold
AZ91	Magnesiumlegierung
BEV	Battery Electric Vehicle, Batterieelektrofahrzeug
BJB	Battery Junction Box, Batterieanschlussbox
BKZ	Belastungskennzahl
BZF	Belastungs-Zeit-Funktion
CAD	Computer Aided Design
CO_2	Kohlendioxid

(Fortsetzung)

Tab. A.2 (Fortsetzung)

Abkürzung	Bedeutung
CT	Computertomografie
Cu	Kupfer
DC	Direct Current, Gleichstrom
DFT	Dichtefunktionaltheorie
DIN	Deutsches Institut für Normung
DMS	Dehnungsmessstreifen
DOF	Degree of Freedom, Freiheitsgrad
EDV	Elektronische Datenverarbeitung
EDX	Energiedispersive Röntgenspektroskopie
EM	Elektromotor
EMV	Elektromagnetische Verträglichkeit
EU	Europäische Union
EUCAR	European Council for Automotive R&D
FCEV	Fuel Cell Electric Vehicle, Brennstoffzellenfahrzeug
FE	Finite Elemente
FEA	Finite-Elemente-Analyse
FEM	Finite-Elemente-Methode
FFT	Fast Fourier Transformation
FKM	Forschungskuratorium Maschinenbau
HCF	High Cycle Fatigue
HEV	Hybrid Electric Vehicle
HiL	Hardware in the Loop
HV	Hochvolt
LDS	Leistungsdichtespektrum
MAST	Mehraxialer Schwingtisch
MHD	Micro Hybrid Drive
MHEV	Mild Hybrid Electric Vehicle
MKS	Mehrkörpersimulation
Ni	Nickel

(Fortsetzung)

Tab. A.2 (Fortsetzung)

Abkürzung	Bedeutung
NV	Niedervolt
NVH	Noise, Vibration, Harshness
O	Sauerstoff
OEM	Original Equipment Manufacturer
PEP	Produktentwicklungsprozess
PHEV	Plug-in Hybrid Electric Vehicle
Pkw	Personenkraftwagen
ProdSG	Deutsches Produktsicherheitsgesetz
PTC	Positive Temperature Coefficient, Kaltleiter
REEV	Range Extended Electric Vehicle
REM	Rasterelektronenmikroskop
RMS	Root Mean Square, Quadratisches Mittel
RVE	Repräsentatives Volumenelement
Si	Silizium
Sn	Zinn
SOC	State of Charge
SOH	State of Health
SUV	Sports Utility Vehicle
TDI	Turbodiesel mit Direkteinspritzung
UCA	Unit Cell Approach
UHCF	Ultra High Cycle Fatigue
USA	Vereinigte Staaten von Amerika
VHCF	Very High Cycle Fatigue
VKM	Verbrennungskraftmaschine
1D	Eindimensional
2D	Zweidimensional
3D	Dreidimensional

Literatur

Die Literaturquellen sind in alphabetischer Reihenfolge aufgeführt.

[ABD09]   El Abdi, R.; Benjemaa, N.: Mechanical Wear of Automotive Connectors during Vibration Tests. In: U.P.B. Sci. Bull., Series C, Vol. 71 (2), S. 167–180, 2009

[AEU09]   Verordnung (EG) Nr. 443/2009 des europäischen Parlaments und des Rates vom 23. April 2009 zur Festsetzung von Emissionsnormen für neue Personenkraftwagen im Rahmen des Gesamtkonzepts der Gemeinschaft zur Verringerung der CO_2-Emissionen von Personenkraftwagen und leichten Nutzfahrzeugen. In: Amtsblatt der Europäischen Union, L140/1, 5.6.2009

[ANT99]   Antler, M.: Contact Fretting of Electronic Connectors. In: IEICE Trans. Electron, Vol. E-82-C, S. 3–12, 1999

[AUD17]   o. V.: Unternehmensstrategie Audi. Vorsprung. 2025. AUDI AG, URL: http://www.audi.com/corporate/de/unternehmen/unternehmensstrategie.html (abgerufen am 15.08.2017)

[AUD17a] Audi MediaCenter, URL: https://www.audi-mediacenter.com/de (abgerufen am 29.08.2017)

[BAU10]   Bauer, H.; Eckhardt, I.: VW 75174, Prüfvorschrift Kfz-Steckverbinder. Interne Konzernnorm Volkswagen AG, Ausgabe 2010-04

[BER13]   Bernhardt, R.; Schafstall, H.; Prahl, U.; Konovalov, S.; Bambach, M.; Henke, T.: Physikalisch-statistisch basierte Multiskalen-Simulation in Prozessketten der Massivumformung. In: Liewald, M. (Hrsg.): Neuere Entwicklungen in der Massivumformung. Tagungsband, Fellbach. S. 69–90, 2013

[BMU13]   o. V.: Erneuerbar mobil – Marktfähige Lösungen für eine klimaf-
           reundliche Elektromobilität. Berlin: Bundesministerium für Umwelt,
           Naturschutz und Reaktorsicherheit (BMU), Stand: April 2013

[BOR10]   v. Borck, F.; Eberleh, B.; Raiser, S.: Lithium-Ionen-Batterie – Hoch-
           integriertes Modul als Systemgrundlage. In: ATZ elektronik, 04/2010,
           S. 8–13, 2010

[DAL13]   Dallinger, F.; Schmid, P.; Bindel, R.: Funktions- und Sicherheitstests
           an Lithium-Ionen-Batterien. In: Korthauer, R. (Hrsg.): Handbuch Lit-
           hium-Ionen-Batterien. Berlin: Springer, 2013

[DEB15]   Debes, C.; Zinke, R.; El Dsoki, C.; Heim, R.: REEV/BEV-Batte-
           riesystemprüfung: Betriebslastensimulation auf Basis von Daten aus
           dem Fahrbetrieb. In: Deutscher Verband für Materialforschung und
           -prüfung e. V. (Hrsg.): Betriebsfestigkeit – Bauteile und Systeme
           unter komplexer Belastung. 42. Tagung des DVM-Arbeitskreises
           Betriebsfestigkeit, Dresden. DVM-Bericht: Nr. 142, S. 1–10, 2015

[DEC09]   Decker, M.; Rödling, S.: FatiRAN – Optimized Generation of Spec-
           tra for Random Vibration Testing. In: Materials Testing, Vol. 51
           (7–8), S. 444–455, 2009

[DEN11]   Denkmayr, K.; Gollob, P.; Schauer, J.; Wiedemann, U.: Verfahren zur
           Validierung der Dauerhaltbarkeit, Zuverlässigkeit und Sicherheit von
           Batteriesystemen. In: ATZ elektronik, 05/2011, S. 30–36, 2011

[DIJ96]   Van Dijk, P.; van Meijl, F.: A Design Solution for Fretting Corrosion.
           In: Proc. 42. IEEE HOLM Conf. on Elect. Contacts, Chicago, 1996

[DIJ98]   Van Dijk, P.: Contacts in Motion. In: Proc. 19. Int. Conf. on Elect.
           Contacts, ICEC, Nürnberg, 1998

[DIJ02]   Van Dijk, P.; Kassman Rudolphi, Å.; Klaffke, D.: Investigations on
           Electrical Contacts Subjected to Fretting Motion. In: Proc. 21. Int.
           Conf. on Elect. Contacts, ICEC, Zürich, 2002

[DIN16]   DIN 50100:2016-12: Schwingfestigkeitsversuch – Durchführung und
           Auswertung von zyklischen Versuchen mit konstanter Lastamplitude
           für metallische Werkstoffproben und Bauteile. 2016

[DOU06]   Doughty, D.; Crafts, C.: FreedomCAR – Electric Energy Storage
           System Abuse Test Manual for Electric and Hybrid Electric Vehicle
           Applications, Sandia Report SAND2005-3123. Albuquerque, NM:
           Sandia Nat. Lab., 2006

[ECH16]   Echeverri Restrepo, S.: Lagerforschung auf atomarer Ebene. In: SKF
           Evolution, Vol. 2, 2016

[ECK13]   Ecker, M.; Sauer, D. U.: Batterietechnik – Lithium-Ionen-Batterien.
           In: MTZ 01/2013, S. 66–70, 2013

[FAU13]   Faul, H.-J.; Ramer, S.; Eckel, M.: Relais, Kontaktoren, Kabel und Steckverbinder. In: Korthauer, R. (Hrsg.): Handbuch Lithium-Ionen-Batterien. Berlin: Springer, 2013

[FKM12]   Rennert, R.; Kullig, E.; Vormwald, M.; Esderts, A.; Siegele, D.: FKM-Richtlinie – Rechnerischer Festigkeitsnachweis für Maschinenbauteile aus Stahl, Eisenguss- und Aluminiumwerkstoffen. 6. Auflage, Frankfurt/Main: Forschungskuratorium Maschinenbau (FKM), 2012

[FRA12]   Frank, E: Sicheres Prüfen von Hochvolt-Akkumulatoren. In: ATZ elektronik, Sonderheft electronica 2012, S. 26–29, 2012

[GAS39]   Gaßner, E.: Festigkeitsverhalten mit wiederholter Beanspruchung im Flugzeugbau. In: Luftwissen, Vol. 6, Nr. 2, S. 61–64, 1939

[GOR13]   Gorgas, S.: Betriebsfestigkeitserprobung großer HV-Speicher auf mehraxialen Schwingtischen. In: Deutscher Verband für Materialforschung und -prüfung e. V. (Hrsg.): Elektromobilität – Zuverlässigkeit und Sicherheit von Elektrofahrzeugen. DVM-Tag 2013, Berlin. Bericht 1680, S. 115–124, 2013

[GUT13]   Gutbrod, W.: Sicherheitskonzepte Hochvoltsysteme. In: Deutscher Verband für Materialforschung und -prüfung e. V. (Hrsg.): Elektromobilität – Zuverlässigkeit und Sicherheit von Elektrofahrzeugen. DVM-Tag 2013, Berlin. Bericht 1680, S. 59–66, 2013

[HAE15]   Häfele, P.: Fortschrittliche Konzepte zur betriebsfesten Auslegung von Bauteilen. Seminarskript, Reliability Engineering Academy, Ausgabe November 2015, Esslingen, 2015

[HAI06]   Haibach, E.: Betriebsfestigkeit – Verfahren und Daten zur Bauteilberechnung. 3. Auflage, Berlin: Springer, 2006

[HAN17]   o. V.: Elektroauto-Quote – China gibt Autobauern ein Jahr mehr Zeit. In: Handelsblatt.com, 02.06.2017. URL: http://www.handelsblatt.com/unternehmen/industrie/elektroauto-quote-china-gibt-autobauern-ein-jahr-mehr-zeit/19888480.html (abgerufen am 13.08.2017)

[HEN12]   Hennig, H.; Ohmer, M.; Lienkamp, M.: Online-Analyse des Nutz- und Ladeverhaltens von Elektrofahrzeugen im Flottenversuch. In: Abschlussbericht Verbundprojekt eFlott, AUDI AG, E.On, TU München, 2013

[HLA12]   Hladky, S.; Grundler, B.: Aufgeladen! Elektromobilität zwischen Wunsch und Wirklichkeit. München: Deutsches Museum, 2012

[HOF14]   Hofmann, P.: Hybridfahrzeuge – Ein alternatives Antriebssystem für die Zukunft. 2. Auflage, Wien: Springer, 2014

[HOR04]   Horn, J.; Kourimsky, F.; Baderschneider, K.; Lutsch, H.: Avoiding
           Fretting Corrosion by Design. In: AMP Journal of Technology,
           Vol. 4, 1995

[ISO09]   ISO 6469-1:2009(E): Electrically propelled road vehicles – Safety
           specifications – Part 1: On-board rechargeable energy storage system
           (RESS). Zweite Ausgabe 15.09.2009

[ISO09a]   ISO 6469-2:2009(E): Electrically propelled road vehicles – Safety
           specifications – Part 2: Vehicle operational safety means and protec-
           tion against failures. Zweite Ausgabe 15.09.2009

[ISO11]   ISO 12405-1:2011(E): Electrically propelled road vehicles – Test
           specification for lithium-ion traction battery packs and systems – Part
           1: High-power applications. Erste Ausgabe 15.08.2011

[ISO11a]   ISO 6469-3:2011(E): Electrically propelled road vehicles – Safety
           specifications – Part 3: Protection of persons against electric shock.
           Zweite Ausgabe 01.12.2011

[ISO12]   ISO 12405-2:2012(E): Electrically propelled road vehicles – Test
           specification for lithium-ion traction battery packs and systems – Part
           2: High-energy applications. Erste Ausgabe 01.07.2012

[ISO14]   ISO 12405-3:2014(E): Electrically propelled road vehicles – Test
           specification for lithium-ion traction battery packs and systems – Part
           3: Safety performance requirements. Erste Ausgabe 15.05.2014

[ISO17]   ISO/AWI 19453-6: Straßenfahrzeuge – Umgebungsbedingungen und
           Tests für elektrische und elektronische Einrichtungen von Antriebs-
           systemen für Elektrofahrzeuge – Teil 6: Antriebsbatterien und -sys-
           teme. Norm in der Entwicklung, technisches Komitee ISO/TC 22/SC
           32. Begonnen am 23.09.2016

[JAN13]   Jankowski, U.; Marx, B.; Kalka, D.: Herausforderungen in der
           Crashauslegung von Elektrofahrzeugen. In: Deutscher Verband für
           Materialforschung und -prüfung e. V. (Hrsg.): Elektromobilität –
           Zuverlässigkeit und Sicherheit von Elektrofahrzeugen. DVM-Tag
           2013, Berlin. Bericht 1680, S. 33–36, 2013

[JIA09]   Jian, P: Multi-scale Modeling and Optimization of Polymer Elect-
           rolyte Fuel Cells. Pittsburgh (PA): Carnegie Mellon University, Dis-
           sertation, 2009

[JER07]   Jernberg, G.: Development of new method to detect fretting movements
           in electrical contacts. Examensarbeit, Universität Uppsala, UPTEC
           Q07 005, Uppsala, 2007

[JOH10]   John, M.; Reschke, S.; Grüne, M.; Kohlhoff, J.: Werkstofftrends –
          Methoden für Multiskalensimulation. In: Werkstoffe in der Ferti-
          gung, 6/2010, S. 3, 2010
[KBA17]   o. V.: Bestand am 1. Januar 2017 nach Umwelt-Merkmalen. In: Kraft-
          fahrt-Bundesamt, Auskunftsdienst Fahrzeugstatistik. URL: https://
          www.kba.de/DE/Statistik/Fahrzeuge/Bestand/Umwelt/umwelt_
          node.html (abgerufen am 18.08.2017)
[KEL09]   Keller, M.; Birke, P.; Schiemann, M.; Möhrstädt, U.: Lithium-Io-
          nen-Batterie – Entwicklungen für Hybrid- und Elektrofahrzeuge. In:
          ATZ elektronik, 02/2009, S. 16–23, 2009
[KER09]   Kern, R.; Bindel, R.; Uhlenbrock, R.: Durchgängiges Sicherheitskon-
          zept für die Prüfung von Lithium-Ionen-Batteriesystemen. In: ATZ
          elektronik, 05/2009, S. 22–29, 2009
[KIM13]   Kimpel, T.; Jauernig, U.; Becker, R.; Wagener, R.; Kaufmann, H.;
          Sonsino, C. M.: Betriebsfeste Bemessung von Steckverbindern in
          Steuergeräten. In: Materials Testing, Vol. 55 (7–8), S. 561–568, 2013
[KIM14]   Kimpel, T.: Entwicklung eines Verfahrens zur betriebsfesten Bemes-
          sung von Einpressverbindungen in Leiterplatten für elektronische
          Steuergeräte der Fahrzeugtechnik. Dissertation, TU Darmstadt,
          LBF-Bericht FB-243, Darmstadt, 2014
[KOC12]   Koch, W.; Holthausen, M. C.: A Chemist's Guide to Density Functi-
          onal Theory. 2. Auflage, Weinheim: Wiley-VCH, 2001
[KOE12]   Köhler, M.; Jenne, S.; Pötter, K.; Zenner, H.: Zählverfahren und
          Lastannahme in der Betriebsfestigkeit. Berlin: Springer, 2012
[KOE13]   Köhler, U.: Aufbau von Lithium-Ionen-Batteriesystemen. In: Kort-
          hauer, R. (Hrsg.): Handbuch Lithium-Ionen-Batterien. Berlin:
          Springer, 2013
[KOM07]   Kommission der Europäischen Gemeinschaften: Mitteilung der
          Kommission an den Rat, das Europäische Parlament, den Europäi-
          schen Wirtschafts- und Sozialausschuss und den Ausschuss der Regi-
          onen – Begrenzung des globalen Klimawandels auf 2 Grad Celsius.
          Der Weg in die Zukunft bis 2020 und darüber hinaus. KOM(2007) 2
          endgültig, Brüssel, 10.01.2007
[KUT15]   Kutka, H.; Kraus, M.: VW 82161, Antriebsbatterien – Betriebsfes-
          tigkeit Hochvoltspeicher – Anforderungen und Prüfungen. Interne
          Konzernnorm Volkswagen AG, Ausgabe 2015-03
[KUT15a] Kutka, H.; Kraus, M.; Haug, A.; Nikkel, K.; Roller, M.: PV 8460,
          Antriebsbatterien – Festigkeit ZSB HV-Speicher – Anforderungen und
          Prüfungen. Interne Konzernnorm Volkswagen AG, Ausgabe 2015-04

[KVE12]   Kvesic, M.: Modellierung und Simulation von Hochtemperatur-Poly-
           merelektrolyt-Brennstoffzellen. Jülich: Forschungszentrum, Disser-
           tation, 2012
[LEP03]   Lepenies, I.; Richter, M.; Zastrau, B.: Numerische Simulation des
           mechanischen Verhaltens von Textilbeton unter Berücksichtigung
           mehrerer Strukturebenen. In: Internationales Kolloquium über Anwen-
           dungen der Informatik und Mathematik in Architektur und Bauwesen –
           IKM, Tagungsband, Bauhaus-Universität Weimar, S. 1–12, 2003
[LUC09]   Luca, J.: VW 80200-2, AK Anbauteile – Karosserieanbauteile.
           Interne Konzernnorm Volkswagen AG, Ausgabe 2009-03
[MAN17]   o. V.: Auch Briten wollen Diesel und Benziner ab 2040 verbieten –
           und was macht Deutschland? In: Manager-Magazin.de, 26.07.2017.
           URL: http://www.manager-magazin.de/politik/artikel/grossbritan-
           nien-will-verbrennungsmotoren-ab-2040-verbieten-a-1159720.html
           (abgerufen am 13.08.2017)
[MAR13]   Marien, J.; Stäb, H.: Sensorik/Messtechnik. In: Korthauer, R. (Hrsg.):
           Handbuch Lithium-Ionen-Batterien. Berlin: Springer, 2013
[MOE02]   Möser, K.: Die Geschichte des Autos. Frankfurt/Main: Campus, 2002
[NPE16]   Nationale Plattform Elektromobilität: Wegweiser Elektromobilität –
           Handlungsempfehlungen der Nationalen Plattform Elektromobilität.
           Berlin: Gemeinsame Geschäftsstelle Elektromobilität der Bundesre-
           gierung (GGEMO), Juni 2016
[OHL16]   Ohlberger, M.; Rave, S.; Schindler, F.: Model Reduction for Mul-
           tiscale Lithium-Ion Battery Simulation. In: Numerical Mathematics
           and Advanced Applications ENUMATH 2015, Springer, S. 317–331,
           2016
[POL13]   Polte, T.; Girgsdies, U.; Henne, A.: VW 80000, Elektrische und elek-
           tronische Komponenten in Kraftfahrzeugen bis 3,5 t. Interne Kon-
           zernnorm Volkswagen AG, Ausgabe 2013-06
[RAD07]   Radaj, D.; Vormwald, M.: Ermüdungsfestigkeit – Grundlagen für
           Ingenieure. 3. Auflage, Berlin: Springer, 2007
[REI10]   Reif, K.: Batterien, Bordnetze und Vernetzung. Bosch Fachinforma-
           tion Automobil. Wiesbaden: Vieweg u. Teubner, 2010
[REI11]   Reif, K. (Hrsg.): Bosch Autoelektrik und Elektronik – Bordnetze,
           Sensoren und elektrische Systeme. Bosch Fachinformation Automo-
           bil. 6. Auflage, Wiesbaden: Vieweg u. Teubner, 2011
[REI12]   Reif, K.; Noreikat, K. E.; Borgeest, K.: Kraftfahrzeug-Hybridantriebe –
           Grundlagen, Komponenten, Systeme, Anwendungen. Wiesbaden:
           Vieweg u. Teubner, 2012

[REN13] Rentsch, S.; Brey, J.: Testanforderungen an Lithium Ionen Speicher in Fahrzeugapplikationen – ein Erfahrungsbericht mit Fokus Abuse Testing am Beispiel Nageltest. In: Deutscher Verband für Materialforschung und -prüfung e. V. (Hrsg.): Elektromobilität – Zuverlässigkeit und Sicherheit von Elektrofahrzeugen. DVM-Tag 2013, Berlin. Bericht 1680, S. 125, 2013

[RIC09] Richter, H.: Elektronik und Datenkommunikation im Automobil. Technical Report Ifl-09-05, TU Clausthal, 2009

[RUP13] Rupp, A.; Gallheber, A.; Küchler, A.: Nutzungs- und Belastungsanalyse von Elektrofahrzeugen im ländlichen Raum. In: Deutscher Verband für Materialforschung und -prüfung e. V. (Hrsg.): Elektromobilität – Zuverlässigkeit und Sicherheit von Elektrofahrzeugen. DVM-Tag 2013, Berlin. Bericht 1680, S. 3-12, 2013

[RUP13a] Ruprechter, F.; Kepplinger, G.; Wenzl, G.; Zigo, M.: FEM-Simulation von elektrischen Energiespeichern zufolge mechanischer Belastungen wie Schocks und Schwingungen. In: Deutscher Verband für Materialforschung und -prüfung e. V. (Hrsg.): Die Betriebsfestigkeit als eine Schlüsseltechnologie für die Mobilität der Zukunft. 40. Tagung des DVM-Arbeitskreises Betriebsfestigkeit, Herzogenaurach. DVM-Bericht: Nr. 140, S. 165–180, 2013

[SAN08] Sander, M.: Sicherheit und Betriebsfestigkeit von Maschinen und Anlagen – Konzepte und Methoden zur Lebensdauervorhersage. Berlin: Springer, 2008

[SAN13] Sanden, M.: Mathematische Homogenisierung in der Kontinuumsmechanik. Darmstadt: Technische Universität Darmstadt, Dissertation, 2013

[SCH02] Schrader, H.: Deutsche Autos Band 1, 1886–1920. Stuttgart: Motorbuch, 2002

[SCH11] Schwerdt, D.: Schwingfestigkeit und Schädigungsmechanismen der Aluminiumlegierungen EN AW-6056 und EN AW-6082 sowie des Vergütungsstahls 42CrMo4 bei sehr hohen Schwingspielzahlen. Darmstadt: Technische Universität Darmstadt, Dissertation, 2011

[SCH17] Schönemann, M.: Multiscale Simulation Approach for Battery Production Systems. Berlin: Springer, 2017

[SCH72] Schütz, W.: The fatigue life under three different load spectra – Tests and calculations. In: AGARD CP-118 Symposium on Random Load Fatigue, Lyngby/Dänemark, 1972

[SON08]   Sonsino, C. M.: Betriebsfestigkeit – Eine Einführung in die Begriffe
           und ausgewählte Bemessungsgrundlagen. In: Materials Testing,
           Vol. 50, Nr. 1–2, S. 77–90, 2008

[SPI12]   Maxwill, P.: Summsumm statt Brummbrumm – Elektroauto-Revolu-
           tion 2012. In: Spiegel-online.de, 11.06.2012. URL: http://www.spie-
           gel.de/einestages/elektroauto-revolution-vor-100-jahren-a-947600.
           html (abgerufen am 15.08.2017)

[SSP12]   o. V.: Audi 4,0l-V8-TFSI-Motor mit Biturboaufladung. Selbststu-
           dienprogramm AUDI AG, Vol. 607, Technischer Stand 02/2012,
           Ingolstadt, 2012

[STA17]   o. V.: Durchschnittliche CO_2-Emissionen der neu zugelassenen Pkw
           in Deutschland von 1998 bis 2016 (in Gramm CO_2 je Kilometer).
           In: Statista 2017. URL: https://de.statista.com/statistik/daten/stu-
           die/399048/umfrage/entwicklung-der-co2-emissionen-von-neuwa-
           gen-deutschland/ (abgerufen am 15.08.2017)

[STA17a]   o. V.: Durchschnittliche Reichweite aller verkauften Elektroautos in
           den Jahren 2011 bis 2020 (in Kilometern). In: Statista 2017. URL:
           https://de.statista.com/statistik/daten/studie/443614/umfrage/prog-
           nose-zur-reichweite-von-elektroautos/ (abgerufen am 18.08.2017)

[TSC15]   Tschöke, H. (Hrsg.): Die Elektrifizierung des Antriebsstrangs –
           Basiswissen. Wiesbaden: Springer, 2015

[VDI04]   VDI Richtlinie 3822 Blatt 5, Schadensanalyse, Schäden durch tri-
           bologische Beanspruchungen. Ausgabe 01-1999, Verein Deutscher
           Ingenieure, Düsseldorf, 1999

[VOL16]   Volk, F.-M.; Brezger, B.; Hartl, P.; Rapp, H.; Kuttner, T.: Schädi-
           gungsäquivalente Anregung eines Hochvoltspeichers auf dem Prüf-
           stand. In: Deutscher Verband für Materialforschung und -prüfung e.
           V. (Hrsg.): Potenziale im Zusammenspiel von Versuch und Berech-
           nung in der Betriebsfestigkeit. 43. Tagung des DVM-Arbeitskreises
           Betriebsfestigkeit, Steyr. DVM-Bericht: Nr. 143, S. 53–67, 2016

[VOL16a]   Volk, F.-M.; Winkler, M.; Hermann, B.; Hiebl, A.; Idikurt, T.; Rapp,
           H.; Kuttner, T.: Influence of State of Charge and State of Health on
           the Vibrational Behaviour of Lithium-Ion Cell Packs. In: 23. Interna-
           tional Congress on Sound and Vibration, Athen, Griechenland, 2016

[VOL17]   o. V.: Nachhaltige Mobilität. Volvo Car Corporation, URL: http://
           www.volvocars.com/de/volvo/innovationen/nachhaltige-mobilitaet
           (abgerufen am 15.08.2017)

[VWK16]   Volkswagen Kommunikation: TRANSFORM 2025+ – Volkswagen
            präsentiert Strategie für das nächste Jahrzehnt. Wolfsburg: Volkswa-
            gen AG, Pressemitteilung 468/2016
[WOE13]   Wöhrle, T.: Lithium-Ionen-Zelle. In: Korthauer, R. (Hrsg.): Hand-
            buch Lithium-Ionen-Batterien. Berlin: Springer, 2013
[ZEN04]   Zenner, H.; Masendorf, R.: Clausthaler Seminar Betriebsfestigkeit –
            Schwerpunkt Berechnung. Seminarskript, IMAB Technische Univer-
            sität Clausthal, Ausgabe Januar 2004, Clausthal, 2004
[ZHA09]   Zhang, X.: Multiscale Modeling of Li-Ion Cells: Mechanics, Heat
            Generation and Electrochemical Kinetics. Ann Arbor (MI): Univer-
            sity of Michigan, Dissertation, 2009
[ZIM16]   Zimmermann, S.: High Performance Kontaktierung. In: 4. Internati-
            onaler Fachkongress Bordnetze im Automobil, Ludwigsburg, 2016

Publikationen des Autors

Die eigenen Publikationen des Autors sind in chronologischer Reihenfolge aufgeführt.

[A_DOE06]   Dörnhöfer, A.: Nichtlineare Finite-Elemente-Analyse: Methoden, Anwendungen und Ergebnisse. In: Rieg, F.; Hackenschmidt, R. (Hrsg.): Tagungsband: 8. Bayreuther 3D-Konstrukteurstag, 2006. Bayreuth: Lehrstuhl für Konstruktionslehre und CAD, 2006

[A_DOE07]   Dörnhöfer, A.; Rieg, F.; Kröninger, H.-R.: Leichtbau durch Einsatz von Topo-logieoptimierung. In: Brökel, K.; Feldhusen, J.; Grote, K.-H.; Rieg, F.; Stelzer, R. (Hrsg.): Tagungsband: 5. Gemeinsames Kolloquium Konstruktionstechnik, Dresden, 2007, Optimierung der Produktentwicklung, S. 239–248. Aachen: Shaker, 2007

[A_SAB07]   Sabath, S.; Dörnhöfer, A.: Formula Student: Mit CAE zur Pole Position – Entwicklung eines Rennfahrwerks mit parametrischem CAD und Mehrkörpersimulation. In: CAD-CAM Report Bd. 26, S. 36–37, 2007

[A_TRO07]   Troll, A.; Dörnhöfer, A.; Goering, J.-U.; Rieg, F.: Ansätze zur Beschleunigung der Produktentwicklung durch intelligente Verknüpfung von Simulationen. In: Meerkam, H. (Hrsg.): Design for X – Beiträge zum 18. Symposium. Erlangen, 2007

[A_ALB08]   Alber-Laukant, B.; Dörnhöfer, A.; Zapf, J.; Rieg, F.: Simulationsmethoden und -werkzeuge der Kunststoffkonstruktion: Simulationskopplung mittels ICROS. In: Brökel, K.; Feldhusen, J.; Grote, K.-H.; Rieg, F.; Stelzer, R. (Hrsg.): Tagungsband: 6. Gemeinsames Kolloquium Konstruktionstechnik, Aachen, 2008, Nachhaltige und effiziente Produktentwicklung, S. 31–40. Aachen: Shaker, 2008

© Springer-Verlag GmbH Deutschland, ein Teil von Springer Nature 2019
A. Dörnhöfer, *Betriebsfestigkeitsanalyse elektrifizierter Fahrzeuge*,
https://doi.org/10.1007/978-3-662-58877-2

[A_BEC08]   Bechmann, F.; Kohnhäuser, M.; Saager, C.; Kröninger, H.-R.;
               Dörnhöfer, A.; Rauber, Ch.; Lohmüller, A.; Hilbinger, R. M: Par-
               tikelverstärkung von Magnesiumgussbauteilen. ATZ: Vol. 110,
               Nr. 10, S. 864–871, 2008

[A_DOE08]   Dörnhöfer, A.; Rieg, F.; Bechmann, F.: Simulation partikelver-
               stärkter Magnesiumlegierungen. In: 20. Deutschsprachige Aba-
               qus-Benutzerkonferenz, Bad Homburg, 2008

[A_DOE08a]   Dörnhöfer, A.: Leichtbau mit partikelverstärkten Magnesium-
               legierungen: Integration von virtueller Werkstoffentwicklung
               und Topologieoptimierung in den Produktentwicklungsprozess.
               Aachen: Shaker, Dissertation, 2008

[A_DOE08b]   Dörnhöfer, A.; Ensslen, N.; Hackenschmidt, R.; Rieg, F.: CAD für
               Designer: Von der Handskizze zur Faserverbund-Karosserie. In:
               CAD-CAM Report Bd. 27, S. 38–42, 2008

[A_ZAP08]   Zapf, J.; Dörnhöfer, A.; Rieg, F.: Einfluss von Optimierungspara-
               metern auf das Optimierungsergebnis und verbesserte Einbindung
               der Validierungsrechnung in die Gesamtprozesskette. In: FE-De-
               sign (Hrsg.): 2. Konferenz für Angewandte Optimierung in der
               virtuellen Produktentwicklung. Karlsruhe, 2008

[A_ZAP09]   Zapf, J.; Troll, A.; Rieg, F.; Dörnhöfer, A.: Produktentstehung im
               Automotive Bereich – Workflowunterstützung in der virtuellen
               Prozesskette. In (Hrsg.): Tagungsband: SIMPEP Kongress. Veits-
               höchheim, 2009

[A_FRI11]   Frisch, M.; Dörnhöfer, A.; Nützel, F.; Rieg, F.: Fertigungsres-
               triktionen in der Topologieoptimierung. In: Brökel, K.; Feldhu-
               sen, J.; Grote, K.-H.; Rieg, F.; Stelzer, R. (Hrsg.): Tagungsband:
               9. Gemeinsames Kolloquium Konstruktionstechnik, Rostock,
               2011, Integrierte Produktentwicklung für einen globalen Markt,
               S. 42–49. Aachen: Shaker, 2011

[A_FRI12]   Frisch, M.; Alber-Laukant, B.; Dörnhöfer, A.: Auf dem Weg zum
               optimalen Bauteil: Topologieoptimierung im Produktentwick-
               lungsprozess. In: Rieg, F.; Hackenschmidt, R. (Hrsg.): Tagungs-
               band: 14. Bayreuther 3D-Konstrukteurstag, 2012. Bayreuth:
               Lehrstuhl für Konstruktionslehre und CAD, 2012

[A_DOE13]   Dörnhöfer, A.; Bathe, M.; Heuler, P.; Kraus, M.: Absicherungs-
               konzept für die Betriebsfestigkeit von Hochvolt-Speicherbatte-
               rien für Hybrid- und Elektrofahrzeuge. In: Deutscher Verband für
               Materialforschung und -prüfung e. V. (Hrsg.): Die Betriebsfestig-
               keit als eine Schlüsseltechnologie für die Mobilität der Zukunft.

40. Tagung des DVM-Arbeitskreises Betriebsfestigkeit, Herzogenaurach. DVM-Bericht: Nr. 140, S. 149–164, 2013

[A_FRI13]   Frisch, M.; Hautsch, St.; Dörnhöfer, A.: Entwicklung einer Topolo-
gieoptimierungssoftware für den virtuellen Produktentwicklungsprozess. In: Rieg, F.; Hackenschmidt, R. (Hrsg.): Tagungsband:
15. Bayreuther 3D-Konstrukteurstag, 2013. Bayreuth: Lehrstuhl
für Konstruktionslehre und CAD, 2013

[A_DOE14]   Dörnhöfer, A.; Bathe, M.; Heuler, P.; Kraus, M.: Absicherungskonzept für die Betriebsfestigkeit von HV-Speicherbatterien. In:
Materials Testing: Vol. 56, Nr. 7–8, S. 550–558, 2014

[A_FRI15]   Frisch, M.; Deese, K.; Dörnhöfer, A.; Rieg, F.: Z88Arion, ein
Freeware-Programm zur Topologieoptimierung. In: Rieg, F.;
Hackenschmidt, R. (Hrsg.): Tagungsband: 17. Bayreuther
3D-Konstrukteurstag, 2015. Bayreuth: Lehrstuhl für Konstruktionslehre und CAD, 2015

[A_DOE16]   Dörnhöfer, A.; Bauer, N.; Heuler, P.; Kinscherf, S.; Decker, M.:
Untersuchungen zur Betriebsfestigkeit elektrischer Steckkontakte
unter Vibrationsanregung. In: Deutscher Verband für Materialforschung und -prüfung e. V. (Hrsg.): Potenziale im Zusammenspiel
von Versuch und Berechnung in der Betriebsfestigkeit. 43. Tagung
des DVM-Arbeitskreises Betriebsfestigkeit, Steyr. DVM-Bericht:
Nr. 143, S. 209–226, 2016

[A_DOE16a]   Schutzrecht DE 10 2014 009 862 A1 (2016-01-07). Dörnhöfer,
A.: Anbindungssystem für eine Traktionsbatterie eines Kraftfahrzeugs.

[A_DOE16b]   Schutzrecht DE 10 2015 004 362 A1 (2016-10-06). Dörnhöfer,
A.; Bauer, N.: Vorrichtung zur optischen Untersuchung eines
Kontaktstifts eines elektrischen Steckers.

[A_FRI16]   Frisch, M.; Glenk, Ch.; Dörnhöfer, A.; Rieg, F.: Topologieoptimierung in kleinen und mittelständischen Unternehmen: Von der
erfahrungsbasierten Konstruktion zum Einsatz der Topologieoptimierung im Produktentwicklungsprozess. In: Zeitschrift für wirt-
schaftlichen Fabrikbetrieb: Vol. 111, Nr. 5, S. 243–246, 2016

[A_FRI16a]   Frisch, M.; Deese, K.; Dörnhöfer, A.; Rieg, F.: Weiterentwicklung
und Einsatz eines Verfahrens zur Topologieoptimierung zur Effi-
zienzsteigerung in der Konzeptphase. In: The International Asso-
ciation for the Engineering Modelling, Analysis and Simulation
Community (NAFEMS) (Hrsg.): Berechnung und Simulation:
Anwendungen – Entwicklungen – Trends. Bamberg, 2016

Printed in the United States
By Bookmasters